Technik zur Vegetationsbrandbekämpfung

von
Dipl.-Ing. (FH) Thomas Zawadke
KBM im Landkreis Neu-Ulm
Mitglied in den Arbeitsausschüssen
NA 031-04-06 AA Allgemeine Anforderung an Feuerwehrfahrzeuge
NA 031-04-07 AA »Sonstige Fahrzeuge«
und NA 301-04-09 AA »Sonstige Ausrüstung«
des Normenausschusses Feuerwehrwesen
Mitarbeit im Referat 6 der VFDB – Fahrzeuge und technische Hilfsmittel
Mitglied bei @fire – zuständig für Forschung und Entwicklung

Verlag W. Kohlhammer

Dieses Werk einschließlich aller seiner Teile ist urheberrechtlich geschützt. Jede Verwendung außerhalb der engen Grenzen des Urheberrechts ist ohne Zustimmung des Verlags unzulässig und strafbar. Das gilt insbesondere für Vervielfältigungen, Übersetzungen, Mikroverfilmungen und für die Einspeicherung und Verarbeitung in elektronischen Systemen.
Die Wiedergabe von Warenbezeichnungen, Handelsnamen und sonstigen Kennzeichen in diesem Buch berechtigt nicht zu der Annahme, dass diese von jedermann frei benutzt werden dürfen. Vielmehr kann es sich auch dann um eingetragene Warenzeichen oder sonstige geschützte Kennzeichen handeln, wenn sie nicht eigens als solche gekennzeichnet sind.
Die Bilder stammen – sofern nicht anders angegeben – vom Autor.

1. Auflage 2021

Alle Rechte vorbehalten
© W. Kohlhammer GmbH, Stuttgart
Gesamtherstellung: W. Kohlhammer GmbH, Stuttgart

Print:
ISBN 978-3-17-038861-1

E-Book-Formate:
pdf: ISBN 978-3-17-038863-5
epub: ISBN 978-3-17-038864-2

Für den Inhalt abgedruckter oder verlinkter Websites ist ausschließlich der jeweilige Betreiber verantwortlich. Die W. Kohlhammer GmbH hat keinen Einfluss auf die verknüpften Seiten und übernimmt hierfür keinerlei Haftung.

Vorwort

Der Klimawandel stellt an die Feuerwehren und Hilfsorganisationen neue Herausforderungen. So müssen in kurzer Zeit viele Einzelereignisse oder im unwegsamen Gelände großflächige und komplexe Einsätze abgearbeitet werden. Dazu gehören insbesondere Vegetationsbrände, die an Ausmaß und Intensität zugenommen haben. Speziell in Deutschland haben wir in vielen Regionen zunehmend mit Bränden auf Feldern mit Monokulturen (Stichwort: Biogasanlagen) und in Wäldern mit munitionsbelasteten Flächen zu kämpfen.

Dieses Rote Heft soll eine Hilfestellung bieten, wie mit einfachen Mitteln Norm- oder Serien-Fahrzeuge aufgewertet werden können oder welche Anforderungen an die Persönliche Schutzausrüstung gestellt werden müssen. Es wurde bewusst nicht auf die taktische Vorgehensweise eingegangen, da dies den Rahmen dieser Veröffentlichung sprengen würde. Dazu muss auf andere Literatur, z.B. Die Roten Hefte, Band 107 »Wald- und Vegetationsbrände« von Birgit Süssner verwiesen werden. Ausdrücklich vermerkt wird, dass gerade bei Flächenbränden die Taktik entscheidend für den Einsatzerfolg ist. Gemäß dem Motto von Heinrich Schläfer: »Die Technik hat der Taktik zu folgen«, ist dieses Rote Heft nur ein »Mosaikstein« im großen Bild der Abwehrtechnik von Vegetationsbränden. An Hand von Beispielen aus anderen Ländern (speziell in südlichen EU-Ländern und den USA) wird beschrieben, wie dort auf Anforderungen in Bezug auf Vegetationsbrände reagiert wurde, ohne den Anspruch oder gar die Forderung, diese Technik »blind« zu übernehmen.

Vorwort

Bedanken möchte ich mich bei allen, die sich in den letzten Jahren engagiert haben, ihre Erfahrungen aus Übungen und Einsätzen zum wichtigen Thema »Vegetationsbrandbekämpfung« zu veröffentlichen und die dazu beitragen, die aktiven Einsatzkräfte der deutschen Feuerwehren dafür zu sensibilisieren. Insbesondere gilt mein Dank den engagierten Mitgliedern des Vereins @fire, der, neben anderen, maßgeblich an der Verbesserung der Ausbildung kommunaler Feuerwehren in Deutschland beteiligt ist.

Aber auch Landesfeuerwehrschulen, Institute der Feuerwehr und sogar mancher Vertreter der Politik haben die Dringlichkeit erkannt und unterstützen die Feuerwehren durch Anpassung der Lehrpläne und Unterlagen zur örtlichen Schulung sowie durch die Bereitstellung von Geldern zur Beschaffung von Geräten und Ausrüstung.

Wir sollten, neben der Beschaffung von spezieller Ausrüstung, die Ausbildung und Unterlagen immer kontinuierlich auf den Prüfstand stellen, neue Erkenntnisse harmonisieren und diese Verbesserungen auch allen Beteiligten mitteilen. Einsätze in anderen Ländern (z. B. Kalifornien oder Australien) zeigen sehr deutlich, dass Flächenlagen nur durch harmonisierte und aufeinander abgestimmte Technik und vor allem Taktik beherrschbar werden.

So bin ich sehr gerne auch zukünftig für Ergänzungen, Erfahrungen oder Hinweise dankbar und werde diese wieder einarbeiten oder in Beiträgen in der Fachzeitschrift BRANDSchutz/Deutsche Feuerwehr-Zeitung veröffentlichen.

Vorwort

Noch eine Anmerkung:
Ohne Zweifel bereichern Frauen und Mädchen die Feuerwehren seit vielen Jahren und ohne sie ist das bewährte flächendeckende ehrenamtliche Feuerwehrsystem in Deutschland längst nicht mehr zu erhalten. Ich habe versucht, geschlechtsneutrale Bezeichnungen zu verwenden. Im Sinne der besseren Lesbarkeit habe ich, wo dies nicht möglich war, auf die weibliche Form verzichtet. Bei der Bezeichnung Feuerwehrangehörige(r) sind selbstverständlich Angehörige der Feuerwehr beiderlei Geschlechts gemeint.

Ich wünsche ihnen viele neue Erkenntnisse bei der Lektüre.

Neu-Ulm 2021
Thomas Zawadke

Inhaltsverzeichnis

Vorwort 3

1 Persönliche Schutzausrüstung 11
1.1 Besondere Anforderungen und Empfehlungen 11
1.2 Schutzkleidung zur Brandbekämpfung 11
1.3 Schutzkleidung für Motorsägenführer 25
1.4 Schutzkleidung für Flughelfer 26
1.5 Absturzsicherung in Hanglagen 28
1.6 Atemschutz, Filtergeräte 30
1.7 CO-Warner 31
1.8 Getränkeversorgung 32
1.9 Fire Shelter 33

2 Handwerkzeuge und Ausrüstung 37
2.1 Werkzeuge zum Graben, Kratzen und Trennen 37
2.2 Feuerpatschen 46
2.3 Ausrüstung zum Tragen 49
2.4 Motorsense 50
2.5 Luftgebläse und Laubbläser 50
2.6 Besonderheiten beim Einsatz von Motorsägen 52
2.7 Flämmkanne und Zündtechnik 54

3 Löschgeräte 57
3.1 Rucksackspritzen 57
3.2 Tragbare Pumpen zur Vegetationsbrandbekämpfung .. 59
3.3 Schläuche, Armaturen und Schlauchmanagement 63

Inhaltsverzeichnis

   3.4 Düsenschläuche, Hydroschilde, Sprinkler 73
   3.5 Sprenglöschverfahren 75
   3.6 Löschlanzen und Erdbohrer zur Wurzel- und Moorbrandbekämpfung 76
   3.7 Turbinenlöscher, LUF, Ventilatoren 79
   3.8 Löschmodule – Slide On Unit 81
   3.9 Schaumsysteme und Schaumeinsatz 83

4 Besonderheiten der Wasserversorgung **86**
   4.1 Wasserversorgung über Pendelverkehr 87
   4.2 Wasserversorgung über Schiene 89
   4.3 Mobile Löschwasserlagerung – Falttanks (Typen, Größen) 89
   4.4 IBC-Behälter mit Tragkraftspritzen 94
   4.5 Wechselbehälter für Vollernter und Rücketraktoren ... 96

5 Messgeräte und Warnsysteme **98**
   5.1 Früherkennungs- und Warnsysteme 98
   5.2 Sattelitenbilder 98
   5.3 Wettermessgeräte 100
   5.4 Signalhorn, Sirenen 101

6 Kommunikations- und Führungstechnik **103**
   6.1 Funktechnik 104
   6.2 Luftbeobachter und -führung 106
   6.3 Einsatzkarten 106
   6.4 Wegkennzeichnung 108
   6.5 Drohnen zur Luftaufklärung und Überwachung 109
   6.6 Personenkennzeichnung 111
   6.7 Fahrzeugkennzeichnung 112

Inhaltsverzeichnis

7 Fahrzeugtechnik der Feuerwehr **114**
7.1 Ergänzungen für kommunale Löschfahrzeuge 114
7.2 Technik für TLF-W 117
7.3 Anforderungen an Führungs- und Erkundungsfahrzeuge 140
7.4 Anforderungen an Logistik- und Nachschubfahrzeuge . 142
7.5 Fahrzeuge für besondere Anwendungen 143
7.6 Konzepte für Aufbauten und Kabinen 146

8 Sonderfahrzeuge und -techniken **151**
8.1 Kettenfahrzeuge 151
8.2 Panzer der Bundeswehr 153
8.3 Nutzbare Forstmaschinen (Harvester, Rücketraktoren, Bodenfräsen) 154
8.4 Nutzbare landwirtschaftliche Technik (Balkenmäher, Pflug, Grubber, Scheibenegge) 159
8.5 Bauhoffahrzeuge mit Tankaufsatz und Zapfwellenpumpe 159
8.6 Radlader, Bagger, Dozer 161
8.7 All Terrain Vehicle, Quad, Pick-up 163
8.8 Funkfernbediente Technik 165
8.9 Technik bei munitionsbelasteten Flächen 167

9 Luftfahrzeuge **175**
9.1 Flugzeuge 176
9.2 Helikopter 181
9.3 Drohnen 183
9.4 Außenlastbehälter 186
9.5 Erforderliches Zubehör für Luftverlegung mit Hubschrauber 189

Inhaltsverzeichnis

Fazit **191**

Literaturnachweis **193**

1 Persönliche Schutzausrüstung

1.1 Besondere Anforderungen und Empfehlungen

Die DGUV Vorschrift 49 (UVV Feuerwehr ist in Deutschland die Grundlagen für die Ausstattung von Feuerwehrangehörigen mit Persönlichen Schutzausrüstung (PSA)) beschreibt in § 12 (1) die Mindestausrüstung:

- Feuerwehrschutzanzug
- Feuerwehrhelm mit Nackenschutz
- Feuerwehrschutzhandschuhe
- Feuerwehrschutzschuhwerk

Dies ist für die Vegetationsbrandbekämpfung bereits eine gute Grundausrüstung, die nur noch um wenige Elemente ergänzt werden muss.

1.2 Schutzkleidung zur Brandbekämpfung

Die Gefahren müssen bekannt sein, um sich davor schützen zu können – da wären:

Feuer:
Hitze z. B. durch Strahlungswärme, heiße Luft (kann u. a. zu Atemwegsverletzung führen), Glutpartikel durch Funkenflug,

1 Persönliche Schutzausrüstung

Flammen (thermische Zersetzung der Vegetation) oder Rauch (Rauchgasintoxikation, gereizte Augen)

Mechanische Verletzungen:
Vegetation (beim Gehen durch Buschwerk mit Verletzungen durch Dornen, abgebrochene Zweige, aber auch Stolpern, Ausrutschen o. ä.), Umgang mit (Hand-)Werkzeugen (auch von anderen Einsatzkräften), Hochspritzen von scharfkantigem oder splitterartigem Boden- oder Vegetationsmaterial durch Einsatz von Wasser unter hohem Druck und Hochschleudern von Material durch Bodenfräsen.

Idealerweise wird für die Vegetationsbrandbekämpfung besonders geeignete Kleidung verwendet, wie sie z. B. in der DIN EN ISO 15384 beschrieben ist. Der Unterschied dieser Bekleidung zur »üblichen« Feuerwehrschutzkleidung besteht darin, dass das Gewicht deutlich geringer und atmungsaktiver ist. Das liegt in erster Linie daran, dass der mehrlagige Aufbau nicht notwendig ist. Wichtig ist, dass die Arm- und Beinabschlüsse enger geschlossen werden können, um ein Eindringen von brennbaren Gasen oder Flammen zu vermeiden. Es ist nicht zwingend erforderlich, spezielle Einsatzkleidung zu beschaffen. Die herkömmliche Feuerwehreinsatzkleidung kann so optimiert werden, dass sie für gelegentliche Einsätze bei Vegetationsbränden ebenso einsatztauglich ist.

Die immer wieder (in Veröffentlichungen dokumentiert) zu beobachtende Verwendung von »Überbekleidung zur Brandbekämpfung in Räumen mit Durchzündungsgefahr« (HuPF 1 bzw. 4 bzw. DIN EN 469) ist bei der Vegetationsbrandbekämpfung (auch bei höheren Temperaturen) im Freien weder not-

1.2 Schutzkleidung zur Brandbekämpfung

Bild 1: *Links: Beispiel von einem Feuerwehrschutzanzug (nicht für den Atemschutzeinsatz vorgesehen), der für die gelegentliche Vegetationsbrandbekämpfung geeignet ist. Rechts: (leichte einlagige) Einsatzjacke und Waldbrandhemd (kann auch ohne Jacke im Einsatz getragen werden) von @fire.*

wendig noch sinnvoll. Sie gefährdet bei längerer und harter Arbeit bei Vegetationsbränden aufgrund des Wärmestaus unter der Kleidung die Einsatzkräfte durch Überhitzung bzw. erhöhten Flüssigkeitsverlust durch Schwitzen. Es muss auch davon ausgegangen werden, dass die Arbeit bei der Bekämpfung eines Flächenbrandes wesentlich länger dauert als die begrenzte Arbeit unter Atemschutz im Innenangriff.

Nach Erfahrungen von @fire und spezialisierten Einheiten zur Vegetationsbrandbekämpfung in Europa und den USA ist eine zweilagige Schutzkleidung zur Waldbrandbekämpfung optimal. Diese sollte bestehen aus:

1 Persönliche Schutzausrüstung

- einer enganliegenden, den Körperschweiß weiterleitende Schicht, z. B. in Form von langer Baumwoll-Unterwäsche und
- einer flammhemmenden Schicht, die gleichzeitig auch ausreichend mechanisch stabil ist.

Für das Tragen der Feuerwehrschutzkleidung im Vegetationsbrandeinsatz ist zu beachten:

- Bündchen an der Hose (soweit vorhanden) und Jacke sowie Reißverschlüsse immer geschlossen halten.
- Die Hosenbeine werden über den Stiefeln getragen!
- Wenn keine Bündchen vorhanden sind, kann man sich mit Bändern behelfen, um die Beine an den Stiefeln eng zu schließen. Es muss verhindert werden, dass heiße Brandgase, Asche, Funken bzw. Glut von unten in die Hosenbeine schlagen können.
- Der Jackenkragen ist aufgestellt und dicht am Hals geschlossen zu tragen.
- Die Handschuhe müssen je nach Ärmelabschluss und Stulpen entweder über oder unter den Ärmeln, möglichst dichtschließend, getragen werden.
- Es muss darauf geachtet werden, dass die Handschuhe auch zum längeren Arbeiten mit Handwerkzeugen geeignet sind.

In jedem Fall muss die PSA-Auswahl für den Feuerwehreinsatz im Rahmen einer Gefährdungsbeurteilung erfolgen. Vergleiche dazu DGUV Information 205-014.

1.2 Schutzkleidung zur Brandbekämpfung

1.2.1 Sicherheits- bzw. Schutzschuhwerk

In unwegsamen Waldgebieten und auf Feldern empfiehlt sich die Verwendung von Feuerwehrsicherheitsschuhen (vgl. DIN EN 15090) in Form von Schnürstiefeln, weil diese sich besser an den Fuß anpassen lassen. Damit ist die Gefahr umzuknicken deutlich geringer als bei reinen Schaftstiefeln.

Im abschüssigen oder gar felsigen Gelände bieten normale Feuerwehrschutzstiefel keinen ausreichenden Halt, zudem sind sie für einen längeren Fußmarsch ungeeignet. Hier sind gut angepasste stabile Bergstiefel meist die bessere Lösung. Hierzu ist aber unbedingt eine Gefährdungsbeurteilung notwendig, weil ein Bergstiefel nicht allen Anforderungen eines Feuerwehrstiefels gerecht wird.

Das Problem bei Vegetationsbränden ist sehr häufig der sehr heiße Boden auf dem länger gestanden und gearbeitet werden muss. Hier heizen sich die Metalleinlagen der Durchtrittsicherungen der üblichen Feuerwehrschuhe unangenehm auf und führen eventuell zu Schäden an den Schuhen bzw. erzeugen Verletzungen (z. B. Blasen) an den Füßen. Sicherheitsschuhe für Müllwerker oder auch Waldarbeiter sind ebenfalls mit durchtrittsicheren Sohlen und Schutzkappen (teils mit stabilen Schnittschutz gegen laufende Kettensägen!) ausgestattet und müssen ebenfalls eine gewisse Hitzebeständigkeit aufweisen. Dieses Schuhwerk bietet in den meisten Fällen einen geeigneten (wenn auch nicht immer einen kostengünstigen) Kompromiss. Eine separate Beschaffung ist aber nur bei häufiger Verwendung sinnvoll. Für seltene Einsätze können die üblichen Sicherheitsschuhe der Feuerwehr verwendet werden.

1 Persönliche Schutzausrüstung

Bild 2: *Beispiel eines nicht angepassten Schuhs, die Sohle hat sich während der Löscharbeiten auf heißem Boden abgelöst. Ein Weiterarbeiten in diesem Zustand kann sehr gefährlich werden! (Foto: @fire)*

1.2 Schutzkleidung zur Brandbekämpfung

1.2.2 Kopfschutz

Offene Hautpartien (speziell im Halsbereich) sind am besten durch eine Flammschutzhaube bzw. durch ein dicht schließendes Nackentuch (Hollandtuch) zu schützen. Ein Nackenschutz hilft vor heißen Glut- oder Ascheteilchen, aber auch vor unangenehm spitzen Baumnadeln oder Holzpartikeln.

Für längere bzw. häufige Einsätze bei Vegetationsbränden empfiehlt es sich, einen möglichst leichten Helm zu wählen. Die europäische Norm DIN EN 16471 beschreibt Feuerwehrhelme für Wald- und Flächenbrandbekämpfung. Normale »Bauarbeiterhelme«, Fahrrad- oder Kletterhelme (diese haben keine geschlossene Oberschale und besitzen meist einen Styroporkörper als Stoßabsorber) sind nicht zulässig und sogar gefährlich.

Bisher verwenden Feuerwehren im deutschsprachigen Raum mit Ausnahme weniger spezialisierter Einheiten (z. B. @fire und Flughelfer) kaum spezielle Helme zur Brandbekämpfung im Freien, sondern solche, die für die Brandbekämpfung im Innenangriff optimiert sind. Diese Helme sind aber für längere Einsätze bei der Vegetationsbrandbekämpfung ungeeignet.

Gründe sind vor allem:
- diese sind zu schwer (Schwitzen und Ermüdung),
- eingeschränkte Kommunikation (durch die geschlossene Helmform im Seitenbereich),
- meist keine Möglichkeit, eine dichtschließende Brille zu verwenden,
- und letztendlich auch der hohe Preis.

Gut geeignet ist der gute alte »Einheitshelm« aus Aluminium. Er hat einen ausreichend bequemen Tragekomfort, sitzt durch seine Kreuzgurtung im Nacken stabil, auch bei heftigen Bewegungen beim Arbeiten und Laufen, er lässt eine dichtschließende Brille zu, es kann ohne Probleme auch eine Flammschutzhaube darunter getragen werden bzw. es kann ein Hollandtuch verwendet werden, das auch im vorderen Bereich geschlossen werden kann und leicht genug ist, um über längere Zeit getragen zu werden. Man kann daher nur dringend empfehlen, dass die ausgemusterten Helme für diese Einsatzvariante weiterhin erhalten bleiben. Das Hollandtuch ähnelt dem amerikanischen Shroud, einem Tuch, das den Hals-, Nacken und Gesichtsbereich vor Strahlungshitze und Glutpartikel schützt. Unterschied zu einer Flammschutzhaube ist, dass das Shroud fest mit dem Helm verbunden ist und vor dem Mund-Nasebereich geschlossen werden kann.

1.2.3 Augenschutz

Eine dringende, geradezu unerlässliche Empfehlung für die Bekämpfung von Vegetationsbränden ist eine dicht schließende Schutzbrille, um die Augen vor Rauch, Funkenflug und Wärmestrahlung zu schützen. Steht eine solche nicht zur Verfügung, sollte ein Augenschutz (z. B. Schutzbrille) aus dem Bereich des Rettungsdienstes oder der TH-Anwendung verwendet werden. Natürlich bietet auch eine Atemschutzvollmaske einen Augenschutz, allerdings ist der Tragekomfort bei sehr warmen Temperaturen im Vergleich zur reinen Schutz-

1.2 Schutzkleidung zur Brandbekämpfung

brille sehr eingeschränkt und aufgrund des Gewichtes auch ermüdend.

> **Merke:**
> Schutzvisiere, wie wir sie heute an modernen Feuerwehrhelmen finden, können eine dichtschließende Brille nicht ersetzen, sind aber als Schutz vor Funkenflug und Hitzestrahlung immer noch besser als gar kein Schutz der Augen. Wichtig in diesem Zusammenhang ist der Schutz vor Rauch und der ist eben nur mit dichtschließenden Brillen zu erreichen.

Wenn Brillen neu beschafft werden, sollte auf drei Dinge Wert gelegt werden:

1. Die Brille muss zu den vorhandenen Helmen getragen werden können.
2. Die Brille muss dicht an den Augen abschließen (ähnlich einer Taucherbrille).
3. Die Brille sollte eine gewisse Hitzebeständigkeit aufweisen (Arbeitsschutzbrillen nach DIN EN 166 bzw. Schweißerschutzbrillen nach DIN EN 169 erfüllen diese Anforderung).

1.2.4 Handschuhe

Auch den Handschuhen ist besondere Aufmerksamkeit zu schenken, denn diese müssen nicht nur einen Schutz vor Hitze und mechanischer Belastung aushalten, sondern sie müssen auch handschonend sein im Umgang mit Werkzeugen. Schutzhandschuhe müssen DIN EN 659 entsprechen. Bei Einsätzen

1 Persönliche Schutzausrüstung

mit Handwerkzeugen wird über einen erheblich längeren Zeitraum mit den Werkzeugen gearbeitet als bei sonst üblichen Einsätzen der Feuerwehr. Es ist ein Unterschied, ob ein paar Minuten mit einem Besen eine Ölspur gekehrt wird oder mit einem Hack- oder Grabwerkzeug mehrere Stunden ein Wundstreifen angelegt werden muss. Die Handschuhe sollten wie gute Schuhe »eingearbeitet« sein, um Blasenbildung zu verhindern.

Neben einem guten Sitz sollten sie zum Jackenärmel einen dichten Abschluss bilden. Dieser kann durch ein Bündchen unter dem Ärmel oder durch eine lange Stulpe über dem Ärmel sichergestellt werden. Dies ist von dem jeweiligen Jackenmodel und dem persönlichen Empfinden des Trägers individuell abhängig und sollte durch eigenes Ausprobieren optimiert werden.

1.2.5 Weitere sinnvolle Ausrüstung

Signalpfeife

Diese sollte für jede Einsatzkraft vorhanden sein, um bei einer Lageänderung oder plötzlich auftretenden Gefahren auch unter schwierigen Verhältnissen eine schnelle Räumung des gefährdeten Bereichs durchführen zu können. Dazu muss vorher ein eindeutiges Rückzugssignal vereinbart werden, das auch allen Einsatzkräften bekannt gemacht wird. Entsprechende Schallsignale (dazu können auch Fahrzeughupen genutzt werden) sind daher auszubilden oder wenigstens vor Einsatzbeginn klar zu vereinbaren.

1.2 Schutzkleidung zur Brandbekämpfung

Achtung:
Signalpfeifen können Leben retten, aber nur wenn diese am Körper, erreichbar getragen werden.

Bild 3 zeigt eine Auswahl an sinnvoller Ausrüstung. Die beiden linken Helme sind nicht geeignet, da sie keine geschlossenen Brillen zulassen und zu schwer sind. Die beiden rechten Helme sind in Verbindung mit Flammschutzhaube und dicht am Auge schließenden Brillen (im Vordergrund und auf dem roten Helm aufgesetzt) geeignet für den Einsatz.

Bild 3: *Auswahl an geeigneten (rechts) und ungeeigneten (links) Helmen, geeigneter Brillen sowie Handschuhe und Trillerpfeifen*

1 Persönliche Schutzausrüstung

Tragegurt

Ein einfacher stabiler Gürtel mit Taschen für die nötigen persönlichen Utensilien und einem Köcher für eine Trinkflasche reichen für gelegentliche Einsätze im Freien aus.

Back-Pack, Forstwirtschafts-Rucksack

Wer häufiger und vor allem über einen längeren Zeitraum zur Brandbekämpfung im Gelände unterwegs ist, wird ein Back-Pack verwenden, das den Tragekomfort eines guten Tourenrucksacks hat. Unterschied dazu: Die speziellen Back-Packs der Forest Fire Fighter bestehen aus mehreren Taschen, die bevorzugt auf der Hüfte getragen werden. Das verteilt das Gewicht nach unten und belastet den Rücken und die Schultern deutlich weniger bei gebückter Arbeitshaltung (z. B. beim Arbeiten mit Bodenbearbeitungswerkzeugen). Es hat zudem den Vorteil, dass zusätzliches Werkzeug (z. B. Motorsäge) oder Rückentragesysteme wie Rucksackspitze oder Kraxe zum Transport von Geräten im Gelände auf dem Rücken getragen werden können, ohne auf die persönliche (z. B. Trinksystem, San-Material oder Handy) bzw. lebensnotwendige Ausrüstung (z. B. Fire Shelter) verzichten zu müssen.

1.2 Schutzkleidung zur Brandbekämpfung

Bild 4: *Beispiel einer optimierten Schutzkleidung einer @fire-Handcrew mit speziellen (rucksackähnlichen) Tragesystemen, die im Wesentlichen auf der Hüfte getragen werden zum Transport von Flüssigkeit, Energieriegeln, Kleinteilen, Messgeräte, kleine Werkzeuge usw. (Foto: @fire)*

Brusttasche
Die Brusttasche oder auch Funk-Brustgurt ist praktisch, speziell zum Tragen der Funkausrüstung und Messgeräte. Diese kann auch zusätzlich zu Back-Packs, Rucksäcken oder Kraxen getragen werden und behindert kaum bei gebückter Arbeit. Es gibt Brusttaschen in verschiedenen Ausführungen und sie lassen sich auch für die Versorgung mit Getränken verwenden.

1 Persönliche Schutzausrüstung

Bild 5: *Insbesondere für Führungskräfte sind solche Brusttaschen sinnvoll, um alle erforderlichen Utensilien (wie z. B. Kompass, Kestrel, Taschenmesser) und das Funkgerät griffbereit und übersichtlich verfügbar zu haben.*

Erste-Hilfe-Ausstattung

Es dürfte selbstverständlich sein, dass auf den Fahrzeugen und in der Ausstattung von Handcrews eine Erste-Hilfe-Ausstattung verfügbar ist. In Bezug auf den Einsatz im Gelände und bei Vegetationsbränden sollt diese Ausstattung auf zu erwartende Unfälle ergänzt werden. Insbesondere in Bezug auf »starke Blutung« z. B. bei Unfällen mit Motorsäge oder Schneidwerkzeugen, Verbrennungen, übermäßige Rauchintoxikation oder klassische Unfälle durch »Umknicken« oder Verdrehen des Fußgelenkes sollte reagiert werden können, da der Regelrettungsdienst in diesem Fall etwas länger braucht, um helfen zu können.

Somit ist auch die Frage des fachgerechten und schonenden Transportes des Patienten wichtig, denn es muss davon ausgegangen werden, dass diese auch über eine längere Strecke im Gelände transportiert werden müssen. Verschiedene Tragehilfen für Verletzte in unwegsamen Gebieten sollten verfügbar sein. Eine kraftschonende und schnelle Methode, eine Person liegend im Gelände zu transportieren, sind Akia der Bergwacht oder Radsätze für Schleifkorbtragen.

1.3 Schutzkleidung für Motorsägenführer

Der Betrieb von Motorsägen im Einsatz bei Vegetationsbränden unterschiedet sich vom üblichen Einsatz (z. B. Beseitigung von Sturmschäden) bei der Feuerwehr in der Regel nur dadurch, dass unter teils erheblichem Zeitdruck gearbeitet werden muss und tatsächlich Fällungen von Bäumen erfolgen und nicht nur Teilen von gestürzten Bäumen. Das kann zu einer erhöhten Gefährdung des Bedieners und seines Umfeldes führen.

Im Einsatz zum Freischneiden von Wegen und Schneisen sind meist zwei Einsatzkräfte unterwegs. Eine Person schlägt mit einer Axt oder Buschhacke Äste und Büsche ab, um für den Motorsägenführer Platz zu schaffen. Selbstredend müssen dabei die Sicherheitsabstände eingehalten werden. Durch die Konzentration auf das eigene Werkzeug bzw. die eigene Arbeit kann es dann zu gefährlichen »Annäherungen« kommen (man muss bedenken, dass dabei auch ein Gehörschutz getragen wird!). Zur Sicherheit sollten beide Einsatzkräfte komplette Schutzausrüstung tragen und in diesem Fall nicht

1 Persönliche Schutzausrüstung

nur eine Schnittschutzhose, sondern zusätzlich auch Schnittschutzjacke und Handschuhe, wie sie bei Arbeiten im Korb einer Drehleitern vorgeschrieben wird.

In Deutschland wird der Einsatz vermutlich nicht direkt an der Flammenfront erfolgen (sondern nur rückwärtig zur Vorbereitung einer Schneise), wie dies im Gegensatz dazu in nordamerikanischen Ländern praktiziert wird. Sollte doch einmal an der Flammenfront agiert werden müssen, wird dringend empfohlen, dass der Schnittschutz ölfrei und hitzebeständig ist. Synthetische Stoffe können schnell schmelzen bzw. abbrennen und die Träger der Kleidung gefährden. In den USA werden dazu spezielle »chaps« getragen. Eine Art geteilter Beinschutz (nicht als Beinlinge umlaufend ausgeführt, sondern hinten offen), der nur für die Zeit der Arbeit mit der Motorsäge über die normale Schutzkleidung getragen wird. Durch die Einlage aus Kevlar und einen hitzebeständigen Oberstoff sind diese deutlich zweckmäßiger und sicherer für diese Anwendung.

1.4 Schutzkleidung für Flughelfer

Auch an die Bekleidung eines Flughelfers werden spezielle Anforderungen gestellt. So sollte der Träger gut erkennbar sein (möglichst auffällige Signalfarbe) und die Kleidung möglichst eng anliegen, um beim Downwash durch den Hubschrauber nicht zu »flattern« oder den Träger bei der Arbeit zu behindern. Sie muss auch genügend Bewegungsfreiheit zulassen, da in allen Körperlagen (gebückt, kniend, liegend) gearbeitet werden muss.

1.4 Schutzkleidung für Flughelfer

Um jederzeit ansprechbar zu sein und die Kommunikation mit dem Piloten sicherzustellen, müssen die Flughelfer über Sprech-/Hörgarnituren für den Funk im Helm verfügen, auch um die Hände für die erforderlichen Arbeiten frei zu haben.

Bild 6: *Flughelfer bei der Arbeit unter dem schwebenden Hubschrauber*

1 Persönliche Schutzausrüstung

1.5 Absturzsicherung in Hanglagen

Sobald Absturzgefahr der Einsatzkräfte besteht, müssen adäquate Maßnahmen umgesetzt werden. Arbeiten unter diesen Umständen sind in der Regel nur bei Nachlöscharbeiten (englisch: mop up) sinnvoll. Da in der Regel immer von oben gearbeitet wird, muss das Feuer sicher eingedämmt bzw. gelöscht sein. Ansonsten besteht Lebensgefahr bei Flammen unterhalb der Abseilstelle. Arbeiten in der Nacht sollten auch die absolute Ausnahme sein, obwohl diese bei einer »normalen« Brandbekämpfung im flachen Gelände oft bevorzugt wird (in der Nacht ist es kühler, die Glutnester sind besser zu erkennen usw.). Die Brandbekämpfung sowie Nachlöscharbeiten in der Nacht dürfen daher nur nach Arbeiten tagsüber im gleichen Gebiet oder nach erfolgter Erkundung am Tag durchgeführt werden.

Das Anbringen von »Geländerseilen« horizontal oder vertikal, kann zur Einzelsicherung der Kräfte sehr effektiv sein. Dabei kann das aktive oder passive Abseilen angewendet werden. Arbeiten am hängenden Seil sind möglichst zu vermeiden. Zum sicheren Arbeiten mit Werkzeugen muss immer Bodenkontakt (mit den Füßen) bestehen. Die Anforderung an einen Festpunkt sind mindestens 10 kN (1 Tonne Haltekraft). Dazu können z. B. Felsen, Strukturen oder Bäume dienen (Fahrzeuge sind dazu ungeeignet!). Bäume müssen gesund sein und einen Brusthöhendurchmesser von mindestens 30 cm aufweisen. Arbeiten im absturzgefährdeten Bereich sind aber nur durch entsprechend ausgebildete Kräfte (Rope-Squads oder Bergwacht mit Sonderausbildung) und mit entsprechen-

1.5 Absturzsicherung in Hanglagen

dem Material auszuführen. Als Sicherungsseile sollten nur Kevlarseile (diese sind hitzebeständiger!) verwendet werden.

Bei Arbeiten mit Tools, Handwerkszeug oder Kettensägen muss zwingend ein »Vorfach« aus Stahlseil verwendet werden. D. h. es muss von der arbeitenden Person bis zum Sicherungsseil ein Stahlseil (Seilstropp) mit ca. 2 m Länge eingebaut werden, um sicherzustellen, dass beim Ausrutschen oder versehentlichen Berühren mit dem Werkzeug oder der Kettensäge das Seil nicht durchtrennt werden kann.

Es muss bei Arbeiten am Berg/am Hang auch die Kameradenrettung aus schwierigem Gelände im Blick behalten werden. Daher ist genügend zusätzliches Material und Personal vorzuhalten und erfahrene Spezialkräften (Bergführer, Bergretter, Forstfachleute usw.) zur Sicherung bereit zu stellen.

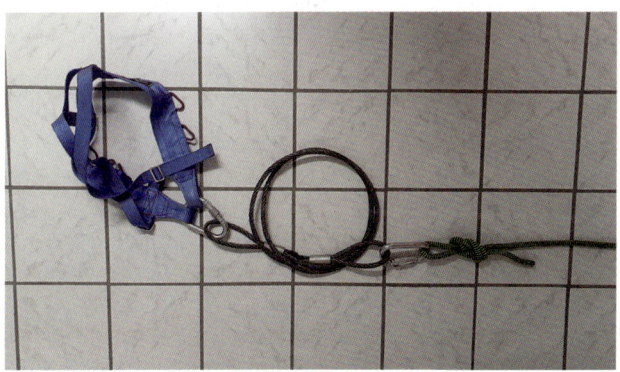

Bild 7: *Hier ist das Prinzip des »Vorfaches« in Form eines Seilstropps (zur besseren Darstellung gewickelt dargestellt) zwischen Halteseil und Sitz- oder Brustgurt dargestellt.*

1 Persönliche Schutzausrüstung

Mehr Informationen dazu sind im Bericht »Gebirgsbrandbekämpfung – Einsatz in schwierigem Gelände« in der BRANDSchutz/Deutsche Feuerwehr-Zeitung Ausgabe 10/2017 ab Seite 803 zu finden.

1.6 Atemschutz, Filtergeräte

Bei Vegetationsbränden werden die üblichen Brandgase beim Abbrand organischer Stoffe freigesetzt, wenn nicht von »wilden Müllkippen« ausgegangen werden muss. Dazu entstehen noch Ruß, Asche sowie mitgerissene Schwebteilchen (Staub). Die Menge und Gefährlichkeit dieser Stoffe ist für viele Einsatz- bzw. Führungskräfte schwer einzuschätzen und wird oft über- oder unterschätzt. Es muss nicht grundsätzlich mit umluftunabhängigen Atemschutz gearbeitet werden.

Bild 8: *Links: Beispiele von Partikelfiltermasken; rechts: eine für die Vegetationsbrandbekämpfung entwickelte Filtermaske, passend zur geschlossenen Schutzbrille der Firma Vallfirest (Foto: Vallfirest)*

Neben dem richtigen taktischen Vorgehen (mit dem Wind!) sind Filtergeräte meist ausreichend.

Dazu gibt es entsprechende Atemfilter (spezielle Tücher mit einer Filterfunktion, Halbmasken oder ggf. auch Vollmasken mit Filter), wenn es nicht gelingt, die Brandrauch-Belastung der Einsatzkräfte grundsätzlich zu vermeiden. FFP2- und FFP3-Maske sind im Normalfall schon ausreichend, um Staub, Aschepartikel und Glutteilchen fernzuhalten.

1.7 CO-Warner

Auch CO-Warner können eingesetzt werden. Die Erfahrungen bzw. Versuche zeigen aber, dass diese bereits sehr früh ansprechen, auch wenn die Einsatzkraft beispielsweise nur in einer Rauchfahne außerhalb des kritischen Bereichs steht. Dies führt eher zur Verunsicherung als zum korrekten Einschätzen der Situation. Trotzdem sollten diese z. B. durch eine Person im Trupp getragen werden und auf höherer Warnstufe eingestellt sein.

Beim Pump-and-Roll-Betrieb mit einem Fahrzeug zum Ablöschen eines Feuersaums ist es sinnvoll, in der Kabine des Fahrzeugs einen CO-Warner mitzuführen. Hier wird empfohlen, dass alle Fenster geschlossen sind und die Lüftung auf Umluft zu stellen ist, damit keine Rauchgase in die Kabine eingesaugt werden. Trotz dieser Maßnahmen kann nicht ausgeschlossen werden, dass sich eine CO-Konzentration in der Kabine ansammelt. Der Fahrer kann so frühzeitig gewarnt werden.

1 Persönliche Schutzausrüstung

1.8 Getränkeversorgung

Um eine Dehydrierung zu vermeiden, sollten Einsatzkräfte bis zu einem Liter Flüssigkeit (Mineralwasser ohne/wenig Kohlensäure, Apfelschorle – keine alkoholischen Getränke) pro Stunde in mehreren kleinen Portionen trinken. Einsatzkräfte müssen hierzu regelmäßig abgelöst werden oder mit Feldflaschen/Trinksystemen ausgestattet sein.

Praxis-Tipp:
Wenn Getränke auf Fahrzeugen mitgeführt werden, ist es einfacher und sicherer anstelle großer Glasflaschen, kleinere (0,5 l) PET-Flaschen mitzuführen, die im Einsatzfall auch mal in einer Jackentasche oder Pattentasche der Hose verstaut werden können.

Sollten Trinksysteme in Backpacks (wie sie z. B. Marathonläufer verwenden) eingesetzt werden, muss auf die hygienischen Verhältnisse geachtet werden. Bewährt haben sich auch Schlauch-Trink-Systeme, die an ganz normalen PET-Flaschen angeschraubt werden können. Der Vorteil liegt, neben dem deutlich geringeren Preis in der leichten Reinigung und der Verwendung immer frischer Flaschen.

Schlauch-Trink-Systeme haben gegenüber den einfachen Flaschen den Vorteil, dass die Arbeit nicht durch Entnahme der Flaschen aus den Taschen oder Rucksäcken unterbrochen werden muss und somit auch sichergestellt ist, dass immer kontinuierlich Flüssigkeit aufgenommen wird.

1.9 Fire Shelter

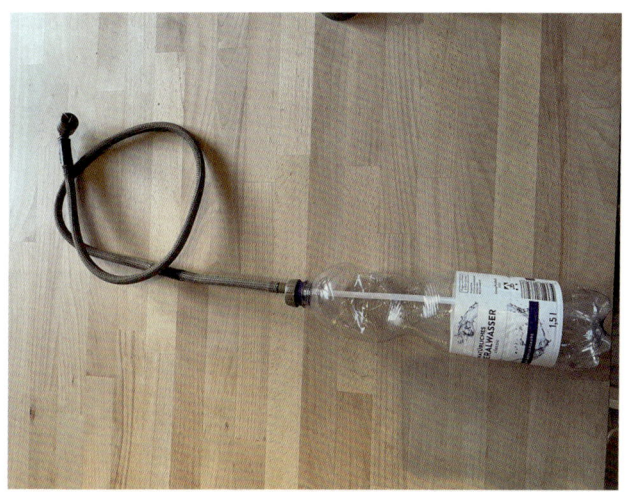

Bild 9: *Anstelle von Trinkblasen sind PET-Flaschen mit Schlauchsystem (und unterschiedlichen Adaptern) ebenso gut geeignet. Vorteil ist die einfache und hygienische Reinigung (notfalls wird eine neue Flasche verwendet). (Foto: @fire)*

1.9 Fire Shelter

In Deutschland sind Maßnahmen zur Schaffung eines Fluchtraums für Einsatzkräfte völlig unbekannt. In Frankreich werden hierzu die Fahrzeugkabinen der Waldbrand-TLF (TLF-W) mit Schutzdüsen versehen (siehe Kapitel 7.2), in den USA und z. B. auch in Teilen von Portugal stattet man die Waldbrand-Ein-

1 Persönliche Schutzausrüstung

heiten mit Fluchtzelten (Fire-Shelter) aus, die einen Schutz in Notsituationen, in denen keine Flucht mehr möglich ist, bieten sollen. Dies ist aber sehr von der Vegetationsform abhängig. Feuerwehren z. B. in Kanada und Schweden verwenden keine Fire-Shelter, da Versuche bei Vollfeuer im Hochwald sich als wirkungslos erwiesen haben.

Fire-Shelter können zwar einen guten Schutz vor Hitzestrahlung und kurzfristig sogar vor direkter Flammeneinwir-

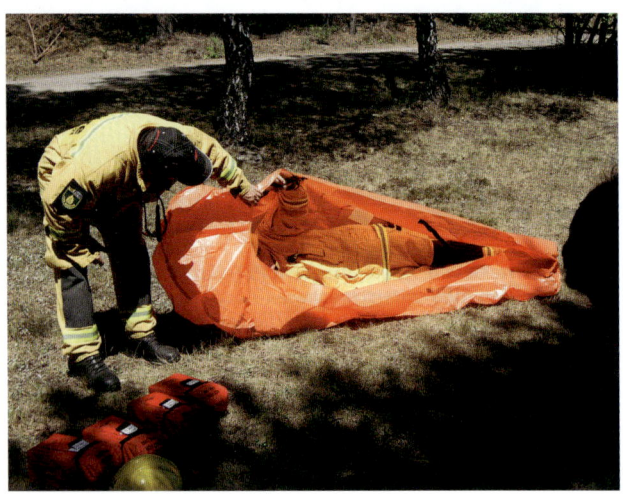

Bild 10: *Fire-Shelter im Übungseinsatz bei @fire. Er wird im Einsatzfall mitgeführt (im Vordergrund fertig verpackt) und dessen Verwendung auch konsequent geübt. Hinweis: Übungs-Shelter haben nicht die übliche silberne Alu-Beschichtung, sondern sind zur Unterscheidung andersfarbig ausgeführt.*

1.9 Fire Shelter

kung bieten (Hinweis: im Inneren entsteht dann eine trockene Luft bei ca. 90° – ähnlich einem Saunagang ohne Aufguss!), aber es fehlt über einen längeren Zeitraum ausreichend Luftsauerstoff. Bei realen Einsätzen insbesondere in den USA wurden Einsatzkräfte nach einem »Feuerüberlauf« ohne Brandverletzungen unter den Sheltern gefunden, aber sie sind aufgrund von Sauerstoffmangel erstickt.

Es müsste also, ähnlich den Nottauchgeräten für Arbeitstaucher oder den Fluchtgeräten für Untertagearbeiter, ein »Minipressluftatemgerät« vorhanden sein, um die Überlebenschance deutlich zu erhöhen. Gewicht, Kosten und Unbeweglichkeit im Einsatz sprechen hier allerdings dagegen.

Bild 11 zeigt den Prototyp eines »Zeltes« in dem 4 Personen Platz finden und in demauch eine Luftversorgung vorhanden ist. Das Packmaß ist dabei etwa so groß wie ein Rucksack oder ein kleiner Rollkoffer. Die Konstruktion soll im Einsatzfall wie ein »Wurfzelt« bzw. ähnlich einer Rettungsinsel selbstaufblasend sein.

1 Persönliche Schutzausrüstung

Bild 11: *Prototyp eines »Zeltes« als Fire-Shelter*

2 Handwerkzeuge und Ausrüstung

2.1 Werkzeuge zum Graben, Kratzen und Trennen

Kenntnisse über die richtige Auswahl, Anwendung und auch die Grenzen der Handwerkzeuge zur Vegetationsbrandbekämpfung sind bei vielen Feuerwehren in Deutschland flächendeckend kaum vorhanden. Dies liegt vor allem an der fehlenden Ausbildung für die Verwendung von Handwerkzeugen im Einsatzfall und die Unkenntnis über die unterschiedlichen Bauvarianten der einzelnen Geräte (z. B. verschiedene Schaufelformen, die je nach Bodentyp gut oder weniger gut geeignet sind).

Bereits in der Standardbeladung der Einsatzfahrzeuge nach Norm gibt es viele Handwerkzeuge, die sich grundsätzlich gut für die Vegetationsbrandbekämpfung eignen.

Allgemein handelt es sich dabei um:
- Geräte zum Graben, Schaufeln, oder Werfen von Sand, wie Schaufeln oder Spaten
- Geräte zum Hacken, Harken
- Feuerpatschen
- Geräte zum Trennen wie Äxte, Sägen, Buschhacken (Brush-Hooks), Macheten
- Einreißhaken zum Wegziehen von kleineren Bäumen oder Buschwerk (die als Feuerbrücken dienen würden)

2 Handwerkzeuge und Ausrüstung

- Tragbare Löschgeräte (Kübel- oder Rückentragespritze, auch tragbare Feuerlöscher)

Darüber hinaus gibt es Handwerkzeuge, die sich im Besonderen für die Vegetationsbrandbekämpfung entwickelt haben oder aus dem Bereich des Gartenbaus besonders geeignet sind. Dies wären z. B.:

- **Mc Leod:** Grobzackiger Rechen einerseits und mit einer breiten Hackschneide andererseits mit einem Feuerrechen
- **Feuerrechen:** Grobzackiger Rechen mit dreieckigen Schneiden
- **Gorgui:** Portugiesisches bzw. Spanisches Multifunktionswerkzeug mit einer axtähnlichen Hacke, einem breiten und schmalen Kratzer und einem grobzackigen Rechen
- **Pulaski:** Amerikanische Waldbrandaxt mit gegenüberliegender quer liegender (meist schmaler) Grabschneide
- **Wiedehopfhacke (Wiedehopfhaue):** Deutsches Pflanzwerkzeug ähnlich der Pulaski mit längerem Stiel. Einerseits mit Axt und andererseits mit runder oder eckiger Hackschneide (Haue)
- **Sapie:** Ist ein Rücke-Werkzeug aus der Holzbauwirtschaft und dient zum Drehen (Rollen) von Baustämmen oder Ziehen von kleineren/dünneren Stämmen
- **Handsäge:** Hier haben sich vor allem Bügelsägen (umgangssprachlich auch »Schwedensäge«) in verschiedenen Längen bewährt und sind nach Norm auf vielen deutschen Feuerwehrfahrzeugen Ausrüs-

2.1 Werkzeuge zum Graben, Kratzen und Trennen

tungsbestanteil. Die Sägeblätter müssen aber gewartet sein. Das heißt: geschärft, geschränkt und ausreichend vor Rostanfall geschützt. Hinweis: Eine »Fischschwanzzahnung« ist erheblich effektiver bei Frisch- oder Grünholzschnitt als eine »V-Zahnung«

Bild 12: *Verschiedene Werkzeuge von links: Gorgui, Mc Leod, amerikanische (Waldbrand-)Schaufel, Brush-Hook mit geschwungenem Griff, Pulaski, Feuerpatsche mit Gummiblatt und Teleskopstil (Foto: @fire)*

2 Handwerkzeuge und Ausrüstung

Bild 13: *Wiedehopfhacke (links) im Vergleich zu einer Pulaski*

2.1 Werkzeuge zum Graben, Kratzen und Trennen

Bild 14: *Unterschied V-Zahnung (links) und Fischschwanzzahnung rechts); wichtig ist auf jeden Fall die Schränkung und Schärfe der Zähne.*

Schaufel und Spaten:

Diese sind sehr effektiv einzusetzen, wenn diese als Grabschaufeln (spitz zulaufend und rundes/gewölbtes Blatt) gestaltet sind. Damit kann z. B. ein Bereich frei gekratzt werden, kleine Wurzeln abgestochen/abgeschlagen und Glutnester ausgegraben werden und man kann mittels Sandwurf eine Löschwirkung erzielen ähnlich der Pulverwolke eines Feuerlöschers. Hinweis: Ein Zudecken von Flammen oder Glutnestern mit Erde sollte unterbleiben, da unter der Erde Glutnester schwelen könnten und die Nachlöscharbeiten erschweren. Spaten sind besonders bei Nachlöscharbeiten zum Aufgraben tiefer Glutnester (insbesondere im Wurzelbereich) oder zum Abkratzen von glühenden Borkenteilen (an Baumstümpfen ähnlich der

Brush-Hook) geeignet. Zum Arbeiten in Steilhängen können Spaten (speziell Klappspaten) sinnvoller sein als Schaufeln.

Bild 15: *Schaufelvarianten (von links): Spanische Schaufel zur Vegetationsbrandbekämpfung (grader Stiel mit balligem Knauf, stark gerundetes kleines Blatt) – sehr gut geeignet zum Sandwerfen, Bayerische Schaufel (Stechschaufel, stärker angewinkelt zu Stiel mit Trittkante ähnlich Spaten) – gut geeignet, Frankfurter Schaufel (Stechschaufel 5 nach DIN 20121) – bedingt geeignet, Holsteiner Schaufel (Sandschaufel nach DIN 20120) – ungeeignet*

2.1 Werkzeuge zum Graben, Kratzen und Trennen

Bild 16: *Spatenvarianten: älterer BW-Spaten mit kurzem Stiel, Pflanzspaten mit langem Stiel, Grabspaten mit T-Griff; der Stiel sollte für den Einsatz in der Vegetationsbrandbekämpfung nicht zu kurz und das Blatt möglichst spitz und scharf sein.*

2 Handwerkzeuge und Ausrüstung

Äxte, Buschhacken (Brush-Hooks), Macheten

Nachlöscharbeiten sind für den dauerhaften Einsatzerfolg sehr wichtig. Je schlechter das Gelände mit Fahrzeugen erreichbar ist und je weniger Wasser dafür eingesetzt werden kann, umso mehr muss manuell und mit sehr gezieltem, sparsamen Wassereinsatz gearbeitet werden. Das Auf- und Ausgraben von Glutnestern (z. B. in Baumstümpfen, in Torfgebieten) und das Abkratzen von brennender oder verkohlter Borke und Rinde erfolgt am besten (neben dem Einsatz von Spaten) mit Äxten, Buschhacken (englisch: Brush-Hook) und Macheten (lange und breite Schlagmesser). Der Stil einer Buschhacke sollte ähnlich einem Axtstil ausgeführt und darf nicht zu kurz sein. Er darf auch ergonomisch geschwungen sein. Gedacht und geeignet sind diese Werkzeuge zum Entasten und Entrinden bzw. Rücken von Holzstämmen (daher auch die »Hakennase«). Die Wiedehopfhacke gibt es mit gerader und gerundeter Klauenseite. Rund zum Graben bzw. Hacken vor allem für harte eher steinige Böden, gerade für weiche und saftige (Wiesen-)Böden sowie zum Trennen von Wurzeln. Für den Einsatz in der Vegetationsbrandbekämpfung in Deutschland ist daher die runde Klaue bei harten und steinigen Böden universeller geeignet.

2.1 Werkzeuge zum Graben, Kratzen und Trennen

Bild 17: *Links zwei Buschhacken (Brush-Hook); der Stiel der rechten Buschhacke ist zu kurz, um ergonomisch sinnvoll damit arbeiten zu können. Rechts eine Wiedehopfhacke mit runder Klaue.*

2 Handwerkzeuge und Ausrüstung

Empfehlung von Handwerkzeugen bzw. Geräte (Mindestausstattung) für eine Gruppe:

- 3 bis 4 Waldbrandpatschen
- 2 Schaufeln (z. B. Bayrische Sandschaufel oder »Baumarktschaufel«) oder Spaten
- 3 bis 4 Hackwerkzeuge (z. B. McLeod, Gorgui, Wiedehopfhacke)
- 2 Wasserrucksäcke mit Befülleinrichtung
- Motorsäge mit Zubehör inklusive geeignetem Schnittschutz (nicht ölgetränkt und hitzebeständig!)
- Fernglas, Kompass, Kestrel für den Gruppenführer bzw. Beobachter
- Signalpfeife für jeden Feuerwehrangehörigen (FA)

2.2 Feuerpatschen

Feuerpatschen gibt es in verschiedenen Ausführungen. Die bekannteste dürfte die fächerförmige Patsche mit Stahlstreifen und einem langen, geraden Stiel aus Holz oder einem Metallrohr sein. Dieser Stiel sollte ca. 1,8 bis 2 m lang sein, um eine möglichst ergonomisch und effektive Arbeitsweise zu erzielen. Diese Bauweise eignet sich vor allem für glatte, nadelübersäte und sandige Böden. Der Begriff »Patsche« ist eigentlich irreführend. Denn das Feuer soll damit nicht im großen Bogen »ausgeschlagen« werden, sondern im niedrigen Abstand über dem Boden in einer eher kreisenden Bewegung über den Flammenrand »gestrichen« werden. Diese Arbeitsweise ist deutlich effektiver und weniger ermüdend als das Aushohlen und kräftige Aufschlagen auf das Feuer. Mit dieser Methode

2.2 Feuerpatschen

wird in vielen Fällen das Feuer eher angefacht bzw. es entsteht ein Funkenflug durch aufgewirbelte heiße Asche oder kleine brennende Teilchen, die das aufgeheizte, unverbrannte Material entzündet. Trotzdem kann es Situationen geben, in denen der Effekt des »Sauerstoffverdrängens« durch heftiges Schlagen zum Erfolg führt. Allerdings ist diese Methode sehr kräftezehrend. Die beste Wirkung wird durch einen kombinierten Angriff mit mehreren (mindestens zwei bis drei) Feuerpatschen direkt nebeneinander eventuell in Kombination mit einer Schaufel und/oder Rucksackspritze erzielt. Die Patschen sollten dabei im Takt auf eine Zählvorgabe des Truppführers/der Einsatzkräfte erfolgen. Auf einen ausreichenden Sicherheitsabstand muss geachtet werden. Um den Rostbefall von Stahlstreifen zu eliminieren und das Gewicht zu reduzieren, gibt es auch Feuerpatschen mit Gummiflächen und Kunststoffstielen.

Merke:
Die richtige Vorgehensweise mit der Feuerpatsche ist, wenn nicht geschlagen, sondern über die Flamme gestrichen wird. Das schont die Kräfte und ist wesentlich effektiver. Es sollten möglichst mehrere Einsatzkräfte gleichzeitig arbeiten, die Flammen sollte nicht höher als ein Meter (etwa hüfthoch) sein und es sollte mit dem Wind (meist aus dem schwarzen, schon abgebrannten Bereich) oder von einer Flanke gearbeitet werden.

Für die steinigen Böden in Südeuropa gehen die Feuerwehren einen anderen Weg und verwenden selbst gebaute Feuerpatschen aus einem Stiel verbunden mit Streifen aus alten Druckschläuchen oder Hosenbeinen ausgemusterter Einsatzhosen. Diese Bauweise passt sich deutlich besser dem Untergrund an und erhöht die abgedeckte Fläche (nur diese erstickt das Feuer!).

Die beste Feuerpatsche hilft aber nichts, wenn sie für einen eventuellen Einsatz im Feuerwehrhaus gelagert wird und im Einsatz vergessen wurde. Sie gehören auf das Fahrzeug und sollten auch schnell griffbereit gelagert werden. Als raumsparenden Ersatz gibt es die Möglichkeit, eine Schaufel kurzfristig zu einer Feuerpatsche umzufunktionieren. Somit können auch Schaufeln mit geradem Blatt verwendet werden, die als Grabschaufel ungeeignet, aber für Räumarbeiten auf den Fahrzeugen standardmäßig verladen sind.

Bild 18: *Beispiel einer »Schaufelpatsche« (rechts) auf einer Schaufel (es passen alle Schaufelformen!) aufgesetzt. Daneben selbst gebaute Feuerpatsche aus alten Schläuchen oder Hosenbeinen (hier dargestellt) von Einsatzkleidung (preiswert und deutlich effektiver auf steinigen Böden) als Feuerpatschen mit Stahlfächer (links). Man beachte die unterschiedlichen Wirkflächen!*

Dieser Überzug erweitert die Fläche des Schaufelblattes erheblich und passt sich auch dem Untergrund besser an.

2.3 Ausrüstung zum Tragen

Rückentrage, Rucksack oder Umhängetasche

Der Transport von Ausrüstung und Geräten ist in unwegsamem, schwierigem (steilem) Gelände oft nur zu Fuß möglich. Rückentragen (»Kraxen«) erleichtern dabei die Arbeit bzw. den Transport von handlichen Geräten und Ausrüstung ganz erheblich. Aber auch eine Umhängetasche kann, statt dem mühseligen Einzeltransport von Armaturen und Schläuchen, schon eine Erleichterung darstellen.

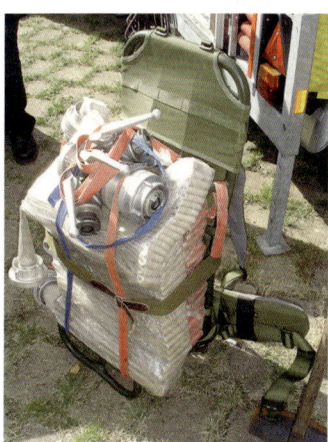

Bild 19: *Kraxen (Rückentragegestelle) zum Transport von Schläuchen und Armaturen, Netzmittel, Kettensägen inkl. Schnittschutz und ähnliche Gerätschaften*

2 Handwerkzeuge und Ausrüstung

2.4 Motorsense

Motorsensen sind nicht nur bei der Rasenpflege eine große Hilfe. Professionelle Geräte mit Verbrennungsmotor eignen sich auch sehr gut zum schnellen Roden von hohem Gras (umgangssprachlich »Elefantengras«), Schilfrohr oder anderen Gewächsen, um Flächen von Brandlast zu befreien und Freiflächen vorzubereiten. Wichtig ist aber das gleichzeitige Wegräumen des Brandgutes durch andere Helfer. Es muss dabei auf einen Bewegungsabstand zwischen dem Motorsensenführer und den räumenden Helfern geachtet werden, um Verletzungen auszuschließen.

2.5 Luftgebläse und Laubbläser

Auch Laubbläser (nicht elektrisch betrieben!) eignen sich (bedingt) zur Brandbekämpfung. Ähnlich dem Ausblasen einer Kerze, kann durch schnelle Luftzufuhr der Feuersaum »ausgeblasen« werden. Aber Vorsicht!

- Es muss ein stabiles (Rückentragbares) Gerät mit möglichst metallischer Luftdüse verwendet werden, um keine Schäden durch die Hitzestrahlung zu erhalten.
- Es muss beim Einsatz darauf geachtet werden, dass keine Glut in das noch nicht verbrannte Brandgut verfrachtet wird.
- Aus diesem Grund muss mindestens eine zweite Person folgen und mit einem Löschgerät (z. B. Rucksackspritze) den Bereich weiter ablöschen.

2.5 Luftgebläse und Laubbläser

- Es sollte am Feuersaum entlang in Windrichtung vorgegangen werden, um die Leistung des Verbrennungsmotors nicht einzuschränken.
- Die Effizienz kann erheblich gesteigert werden, wenn gleichzeitig ein Wassernebel, z.B. erzeugt durch die Düse einer Rucksackspritze, in den Luftstrom eingebracht wird.

Bild 20: *Motorbetriebener Laubbläser zum Ablöschen eines Feuersaums; anstelle vom Spritzmittel (im oberen Tank) kann auch einfach Wasser oder ein Netzmittel verwendet werden (ohne Umbau des Gerätes). (Foto: @fire)*

2 Handwerkzeuge und Ausrüstung

- Dieses Vorgehen erfordert einige Übung und ein gutes Zusammenspiel mit einer Handcrew, die mit geeigneten Handwerkzeugen das endgültige Ablöschen sicherstellt.
- Es darf nicht ohne zusätzliche Absicherung gearbeitet werden.

2.6 Besonderheiten beim Einsatz von Motorsägen

Bei der Vegetationsbrandbekämpfung sind drei Szenarien üblich, die betrachtet werden müssen:
- Beseitigen von gestürzten Bäumen über Fahrwege
- Roden von Flächen oder Fällen von Bäumen zur Vorbereitung einer Freifläche oder dem Beseitigen von Feuerbrücken
- Fällen von verbrannten, aber noch stehenden (toten) Bäumen (in USA als »widowmacker« = »Witwenmacher« beschrieben, da diese Art des Fällens sehr gefährlich ist, denn die Fallrichtung kann bei solchen Bäumen nicht mehr sicher bestimmt werden!), um ein weiteres Risiko zu minimieren oder auszuschließen

Das Beseitigen von liegenden Bäumen als Hindernis auf einer Straße oder einem Waldweg ist ähnlich dem Beseitigen von Sturmholz und kann von ausgebildeten Motorsägenführern ausgeführt werden.

2.6 Besonderheiten beim Einsatz von Motorsägen

Bild 21: *Sogenannte Chaps als (hitzebeständiger) Schnittschutz bei Arbeiten mit Motorsägen bei Vegetationsbrandbekämpfung. Man beachte: Es ist kein umlaufender Beinschutz.*

Auch das Vorbereiten von Brandschneisen **ohne Hitzeeinwirkung**, z. B. durch Bodenfeuer, kann durch erfahrende Forstarbeiter oder/und Motorsägenführer der Feuerwehren, des THW usw. ausgeführt werden. Bei beiden Einsatzarten

2 Handwerkzeuge und Ausrüstung

muss aber die Beobachtung (eigene Helfer) der arbeitenden Kräfte sichergestellt sein und eine Warnung bzw. Flucht schnellstmöglich erfolgen, wenn sich die Situation durch das Brandgeschehen ändert.

Das Arbeiten an verbrannten, toten Bäumen erfordert sehr viel Erfahrung und kann nur unter größter Vorsicht von erfahrenen Kräften erfolgen. An die Ausrüstung werden keine zusätzlichen besonderen Anforderungen gestellt. Einzig die Schnittschutzausrüstung sollte im Fall eines Einsatzes an der Feuerlinie zumindest aus schwer entflammbarer oder besser hitzebeständigem Material bestehen. @fire und erfahrene Einsatzkräfte z. B. in USA verwenden dazu speziell Schnittschutzausstattung.

2.7 Flämmkanne und Zündtechnik

Zum Entzünden von Gegenfeuern oder dem Ausbrennen von Vorflächen zur Vorbereitung von Feuerschneisen und Wiederstandlinien oder auch einfach nur zum Kulturbrennen werden unterschiedliche Methoden angewendet. Bevor auf die Zündtechnik kurz eingegangen wird, muss ausdrücklich darauf hingewiesen werden, dass diese Methode sehr viel Erfahrung und eine umfangreiche Ausbildung und Sicherungsmaßnahmen während der Arbeit erfordert und nicht ohne Genehmigung von Behörden ausgeführt werden darf. Denn man setzt sich sehr schnell der Gefahr des Tatbestandes der Brandstiftung aus und dieses Delikt bedeutet ein hohes Strafmaß!

Es kann auch sehr schnell zu einer Eigengefährdung des Brennteams kommen, wenn die Maßnahmen nicht allen Betei-

2.7 Flämmkanne und Zündtechnik

ligten bekannt sind und die einzelnen Tätigkeiten nicht aufeinander abgestimmt sind. Es folgt ein Beispiel aus der BRAND-Schutz 8/2017 »Erfahrungsbericht zum größten Waldbrand in der Geschichte Schwedens«: »Aufgrund der geringen Erfahrung der Piloten und der fehlenden Koordination kam es in einem Fall auch zu einer gefährlichen Situation für eine Bodenmannschaft, die mit dem Ausbrennen von Vorflächen beschäftigt war. Aus der Luft stellte es sich für den anfliegenden Piloten so dar, dass eine Mannschaft von einem großen und einem kleineren Feuer ›eingeschlossen‹ sei und setzte kurzerhand seine Löschwasserladung nicht am vorgegebenen Feuersaum ab, sondern löschte das Vorfeuer, um der Mannschaft vermeintlich die Flucht zu ermöglichen. Diese Aktion brachte die Bodenmannschaft nicht nur in eine kritische Lage, sondern ermöglichte einen späteren Feuerübersprung des Hauptfeuers an dieser Stelle und damit einer weiteren Ausbreitung.«

Alleine die verschiedenen Begriffe und Vorgehensweisen zeigen die Komplexität des Sachverhaltes und es bedarf einer umfangreichen Ausbildung (nicht nur in Deutschland!), um diese Tätigkeit ausführen zu können (@fire bietet diese Möglichkeit).

»Flämmkannen« (in USA Driptorch genannt und als »tropfende Fackel« übersetzt) gibt es in verschiedenen Größen. Das Mischungsverhältnis des Brennstoffes (bestehend aus Diesel und Benzin) wird vorgegeben und die spezielle Bauweise des Austropfrohres verhindert eine Rückzündung in den Behälter. Aber auch (Bengalische) Fackeln eignen sich zum kontrollierten Legen von Feuern. In USA und Australien werden große Flächen sogar mit Hilfe von Hubschraubern und kugelförmigen

2 Handwerkzeuge und Ausrüstung

Brandsätzen oder riesigen Driptorch an der Longline (ca. 60 m langes Seil unter dem Hubschrauber) gebrannt.

Bild 22: *Driptorch im Einsatz bei einer @fire-Ausbildung. Man beachte die Sicherungsmaßnahmen im Hintergrund.*

3 Löschgeräte

3.1 Rucksackspritzen

Mit bis zu 20 Liter Inhalt und in verschiedenen Ausführungen als einfacher Wassersack aus Lkw-Planenstoff, als Kunststoff-Tornister oder als vollwertiger Rucksack mit Außentaschen, ergonomischen Tragegurten und separatem Innensack als Wasserblase, als stabiler Kunststoff- oder Metalltornister und sogar als doppellagige Weste mit Handdruckspritzen sind Systeme vorhanden. Bei den Handdruckspritzen gibt es einfach- und doppelwirkende Kolbenpumpen. Bei den einfachwirkenden sind diese teils auf Zug oder auf Druck aktiv. Bei einigen kann die Strahlart von Voll- auf Sprühstrahl umgestellt werden. Bei einfachen Modellen muss das Strahlbild durch »Daumendruck« erzeugt werden. Zu bevorzugen sind robuste Systeme aus Metall, gegenüber einfachen Kunststoffpumpen (ähnlich den Luftpumpen eines Fahrrades). Ob nun einfach- oder doppelwirkend hängt nicht zuletzt vom Kraftaufwand ab und die Art der Betätigung wirkt sich auch auf die Zielgenauigkeit aus. Eine mit einer Hand geführte Düse und mit der anderen Hand gezogene Pumpe führt meist zu einer höheren Trefferquote. Hier empfiehlt es sich vor dem Kauf verschiedene Systeme zu testen (z. B. bei der Ausbildung kommunaler Feuerwehren durch @fire).

In wenigen Fällen können Netzmittel beigemengt werden. Bei Grasbränden ist das aus Sicht von Fachleuten aber nicht unbedingt erforderlich. Bei Bränden in Wäldern bzw. holzartigem Bewuchs sowie mit viel organischem Material auf dem

3 Löschgeräte

Boden bzw. bei Torf hat sich die Beimengung eines Netzmittels sehr bewährt, um die Oberflächenspannung des Wassers aufzuheben. Somit ist das Eindringen in das Brandgut deutlich besser. Es muss aber auf biologisch abbaubare Produkte geachtet werden.

Ein Hinweis noch zum Befüllen. Es gibt Behälter, die können nur über eine Öffnung (meist Schraubdeckel) befüllt werden. Dieser Schraubdeckel sollte unverlierbar (z. B. Kette oder Schnur) mit dem Behälter verbunden sein, um beim Befüllen nicht in den Dreck zu fallen und beim Auslüften nach dem Einsatz nicht verloren zu gehen. Es gibt auch Rucksackspritzen, die lassen sich über einen Schlauch (z. B. durch Abkuppeln der Handdruckspritze oder einen eigenen Anschluss) wieder befüllen. Vorteil dabei, der Träger muss den Rucksack nicht abnehmen und dies kann auch an Verteilern im Gelände erfolgen (siehe dazu nachfolgend Kapitel 3.3 »Wasserklau«).

Rucksackspritzen eignen sich in Kombination mit Handwerkzeugen bzw. Feuerpatschen sehr gut zur Eindämmung von schnell laufenden (niedrigen – Hüfthohen) Feuerflanken. Das Wasser, sparsam eingesetzt, entfaltet die beste Wirkung, wenn der Wasserstrahl fein zerstäubt entlang der Flanke geschwenkt wird. Zur Erhöhung der Wirkung und als Schutz vor Hitzestrahlung eigenen sie sich auch sehr gut als Ergänzung zu Laubbläsern. In Kombination richtig eingesetzt, können zwei Einsatzkräfte sehr effizient und schnell einen Feuersaum niederkämpfen. Der Luftstrom des Laubbläsers wird dabei gekühlt und die Wassertropfen nochmals verteilt über eine größere Fläche ausgebracht.

3.2 Tragbare Pumpen zur Vegetationsbrandbekämpfung

Bild 23: *Links: Sehr einfacher Wassersack mit einer Druckspritze aus Kunststoff. Die Handspritze funktioniert wie eine »Luftpumpe« auf Druck und hat keine verstellbare Düse. Rechts: Hochwertiger Löschrucksack mit innenliegende Wasserblase und Füllöffnung über den Schraubdeckel. Die Handdruckspritze ist aus Metall und funktioniert auf Zug und Druck.*

3.2 Tragbare Pumpen zur Vegetationsbrandbekämpfung

Für die Vegetationsbrandbekämpfung wurden spezielle Pumpen entwickelt. Besonders wichtig und sinnvoll sind Pumpen mit einem geringen Gewicht, möglichst tragbar auf Rückentragegestellen (Kraxen), oder Pumpen, die wenig Zubehör benötigen (z. B. Schwimmpumpen).

Wie die Bezeichnung bereits vermuten lässt, handelt es sich bei Schwimmpumpen um Pumpen, die auf der Wasseroberfläche schwimmen. Der Vorteil dieser Pumpen liegt darin, dass hier auf Saugschläuche verzichtet werden kann, damit die geodätische Saughöhe gleich Null ist und somit der Wirkungsgrad besonders hoch ist. Bei deutschen Feuerwehren werden Schwimmpumpen in der Regel deshalb nicht eingesetzt, weil sie aufgrund ihrer Leistungsparameter nicht zur vorhandenen Feuerwehrtechnik passen. Zu bedenken ist auch, dass die Bedienung an Böschungen oder ein Nachtanken während des laufenden Betriebes nur schwer oder gar nicht möglich ist. Diese Pumpen sind also vor allem für kurzzeitige Einsätze sinnvoll. Sie eignen sich daher z. B. zum schnellen Füllen eines Fahrzeugtanks an einem Bach oder kleinen See, da sie direkt mit einem angeschlossenen Druckschlauch nur zu Wasser gebracht werden müssen.

Kleine tragbare Pumpen mit möglichst hohem Druckniveau haben sich zur Vegetationsbrandbekämpfung besonders bewährt, denn sie müssen z. B. in abgelegene Gebiete zu Fuß oder auf Kleinstfahrzeugen (Quad) transportiert werden. Das erforderliche Fördervolumen ist mit 200 bis 300 l/min meist ausreichend, dagegen sollte das Druckniveau möglichst höher als 10 bar betragen, um die Reibungsverluste in den Schläuchen (meist Größe C) ausgleichen zu können und die Höhenunterschiede (in Gebirgsregionen) zu überbrücken.

3.2 Tragbare Pumpen zur Vegetationsbrandbekämpfung

Bild 24: *Schwimmpumpen sind einfach in der Handhabung und effektiv im Gebrauch. Allerdings sind sie nur begrenzt einsetzbar. Im Vordergrund eine Schwimmpumpe, in der Mitte eine Rucksackspritze des Typs Hale Fyr Pak mit einer Leistung von ca. 280 l/min bei 15 bar bei einem Gewicht von ca. 15,5 kg und im Hintergrund eine kompakte Tragkraftspritze, z. B. geeignet in Kombination mit einem kleinen Tank auf einem Pick-up.*

Auch elektrisch betriebene Schneckenförderpumpen (z. B. heute verwendet als Schaummittelpumpen in Druck-Zumischsystemen oder in der Industrie als Förderpumpen für zähe Flüssigkeiten) sind für einige wenige Anwendungen sinnvoll. So können diese z. B. bei Fahrzeugen eingesetzt werden, die während der Fahrt unabhängig vom Fahrzeugantrieb einen konstanten Pumpendruck bei nicht allzu großen Fördervolumen erzeugen müssen, um bei Löscharbeiten im Pump-and-Roll-Betrieb (Fahren und Pumpen gleichzeitig) keine Druck-

3 Löschgeräte

schwankungen durch unterschiedliche Drehzahlen beim Fahren zu erhalten. Insbesondere wenn auf dem Fahrzeug eine elektrische Energiequelle vorhanden ist, ist diese Pumpentechnik sinnvoll.

Bild 25: *Beispiel einer elektrischen Schneckenförderpumpe angetrieben durch einen Stromerzeuger auf der Pritsche eines Fahrzeugs der Organisation @fire bei der Brandbekämpfung eines Flächenbrandes. Das Löschwasser wird dabei aus IBC-Behälter (im Hintergrund) bezogen. Die komplette Anlage kann damit auf jedem geeigneten Pritschenfahrzeug aufgesetzt werden.*

3.3 Schläuche, Armaturen und Schlauchmanagement

Auch dem Umgang mit Schläuchen kommt bei der Vegetationsbrandbekämpfung eine wichtige Rolle zu. In diesem Zusammenhang sollen nur ein paar wichtige »Schlagworte« betrachtet werden, um aufzuzeigen, auf was es bei der Verwendung und Auswahl von Schläuchen auf Freiflächen und/oder zur Vegetationsbrandbekämpfung ankommt. Für weitere Informationen wird auf die bestehende Fachliteratur verwiesen.

Literaturtipp:

Rote Hefte/Ausbildung kompakt 217: Thomas Zawadke, Wasserversorgung, 2., erweiterte und aktualisierte Auflage, W. Kohlhammer Verlag, 2021.

Zur direkten Brandbekämpfung sollten eher Schläuche mit geringerem Querschnitt verwendet werden. In vielen Fällen reicht ein D-Druckschlauch aus. Dieser sollte aber möglichst robust sein und es sollten aufgrund der großen Eindringtiefen und des schnelleren Reagierens auf den Feuerverlauf längere Schlauchleitungen vorgenommen werden. 60 bis 90 m für eine Angriffsleitung sind häufig ein gutes Maß, um auf der einen Seite möglichst wenig Wasserverlust zu haben und auf der anderen Seite möglichst flexibel zu sein. Zweckmäßig ist auch, wenn diese Angriffsleitungen möglichst wenige Kupplungsstellen aufweisen. Schlauchleitungen mit Schläuchen mit 30 m (ohne Kupplung) lassen sich wesentlich einfacher handeln als Schlauchleitungen mit doppelt so vielen Kupplungen mit 15 m langen Schläuchen.

Der Druckverlust bei Schlauchleitungen ergibt sich (neben dem Querschnitt) vor allem durch die Schlauchwandung und damit durch die Länge der Schläuche und aufgrund der Anzahl der Kupplungen. Aus diesem Grund macht es Sinn, wenn die Schlauchpflege (z. B. der Trockenturm) und die Transportart (z. B. Schlauchfächer) dies zulassen, anstelle 15 m besser 30 m lange Schläuche zu verwenden.

Die Farbe der Schläuche sollte sich auch deutlich vom Untergrund abheben und es hat sich bewährt, wenn der Durchmesser nochmals durch andere Farben erkennbar ist, z B. C-Druckschläuche in Gelb und D-Druckschläuche in Orange.

Für den Einsatz auf heißen Böden werden in Nordamerika sogenannte Weeping (tränende) oder Percolating (durchsickernde) Hose (Schläuche) eingesetzt. Dabei geht es nicht, wie bei den Düsenschläuchen um eine direkte Brandbekämpfung oder eine Wasserwand, sondern um den (Eigen-)Schutz des Schlauches auf heißen Böden oder gegen die Hitzestrahlung. Man kann es quasi als »Schwitzen« des Schlauches bezeichnen, indem eine Art Perforation das äußere Gewebe nass hält, diesen dadurch kühlt und vor Beschädigung schützen soll.

Bei Arbeiten an Glutnestern haben sich aber auch doppelt gummierte Schläuche bewährt und aufgrund der großen Verletzungsgefahr (Wundscheuern, Dornen, spitze Steine usw.) sind Leckage-Schiebemanschetten sehr zweckmäßig.

3.3 Schläuche, Armaturen und Schlauchmanagement

Bild 26: *Beispiel eines D-Druckschlauches (vorne) als innen und außen (in Rot) gummierter Druckschlauch (oben rechts dargestellt ohne Kupplungen) mit Schiebemanschetten (in Gelb) und Iconos-Kupplungen, speziell geeignet als Schlauch für Nachlöscharbeiten auf heißen oder steinigen Böden. Als sehr zweckmäßig hat sich eine einfache Lagerung in einem aufgeschnittenen Schaummittelkanister oder einem einfachen Rucksack bewährt. Mit Schlauchtragegurten (im Vordergrund) können auch mehrere Schläuche getragen werden.*

Leckage-Schiebemanschetten können über den beschädigten Bereich oder das Loch geschoben werden bis der Schlauch nach dem Einsatz repariert werden kann.

Strahlrohre
An Strahlrohre werden für die Vegetationsbrandbekämpfung keine wesentlich anderen Anforderungen gestellt als bei der Verwendung im Innenangriff. Unterschied ist lediglich, dass mit deutlich geringeren Volumenströmen gearbeitet wird. Volumenströme an D-Druckleitungen mit 40 bis 100 l/min sind erfahrungsgemäß völlig ausreichend. Dazu müssen jetzt aber nicht zwingend eigene D-Hohlstrahlrohre beschafft werden. Wenn die vorhandenen C-Hohlstrahlrohre auf den Fahrzeugen auch geringe Durchflussraten zulassen, ist es wesentlich kostengünstiger und aus Sicht der Hydraulik (Druckverluste!) günstiger mit einem Übergangstück C/D und einem D-Druckschlauch zu arbeiten.

Hinweis:
Im Gegensatz zu mancher Anwendung bei der Flash-over-Ausbildung, ohne Handgriff zu arbeiten, haben sich beim schnellen Ortswechsel bzw. der dynamischen Strahlrohrführung bei der Vegetationsbrandbekämpfung Hohlstrahlrohre mit Griff gut bewährt, da der Schlauch kräfteschonender gezogen und die Stahlrohre ergonomischer geführt werden können.

3.3 Schläuche, Armaturen und Schlauchmanagement

Bild 27: *Hohlstrahlrohre in Größe C und D im Vergleich. Es ist jeweils auf den höchsten Durchflusswert eingestellt. Ein Bügelgriff zum schnellen Wasserhalt (sparsames Arbeiten ist nur so möglich) und ein Pistolengriff haben sich für die Verwendung im Gelände bewährt.*

Verteiler

Verteiler nach DIN EN 17407 (Hinweis: die DIN 14345 wurde Ende 2020 zurückgezogen) gibt es in den Ausführungen B-CBC, BB-CBC und C-DCD und diese wahlweise mit Niederschraubventilen oder Kugelhähnen. Auch bei den Verteilern (z. B. B-CBC) könnte mit Übergangsstücken auf kleinere Schlauchdurchmesser (B auf C bei der Versorgungsleitung und C auf D für die Angriffsleitungen) reduziert werden.

Allerdings sind C-DCD Verteiler deutlich kompakter und beim Verlegen im Gelände mit einem üblichen C-Schlauch-Tragekorb und dann Verteilung auf C- und D-Abgänge doch wesentlich einfacher zu bedienen bzw. vorzunehmen. In diesem Fall haben sich auch Kugelhähne gegenüber den Niederschraubventilen bewährt. Die Drücke und Volumenströme sind deutlich geringer und die Gefahren durch Druckschwankungen oder »Schlagen« der Verteiler dadurch deutlich reduziert.

Es gibt auch C-DD-Verteiler die für die Vegetationsbrandbekämpfung entwickelt wurden. Aus praktischen Erwägungen empfehle ich aber den Verteiler mit C-DCD. Begründung: Mit diesem Verteiler kann eine fortlaufende C-Druckleitung verlegt werden mit verschiedenen Abnahmestellen. Somit kann in zweckmäßigen Abständen ein D-Druckschlauch angeschlossen werden und ein weiterer Abgang bleibt zur Sicherheit frei bzw. als Verwendung zur Wasserabgabe an Rucksackspritzen (siehe dazu nachfolgend »Wasserklau«) oder andere Verbraucher wie z. B. Beregnungseinrichtung.

Füllstelle für Wasserrucksäcke (»Wasserklau«)
Wie oben beschrieben, kann man an einem Verteiler durch ein einfaches Übergangsstück auf einen Gartenschlauchanschluss (umgangssprachlich Gardena-Kupplung) am Verteiler schnell und wassersparend eine Rucksackspritze befüllen. Dieses Übergangstück kann natürlich auch am Abgang der Pumpe eines Fahrzeugs angeschlossen werden. Am Verteiler (bei größeren Eindringtiefen) spart man sich aber längere Fußmärsche im Gelände.

3.3 Schläuche, Armaturen und Schlauchmanagement

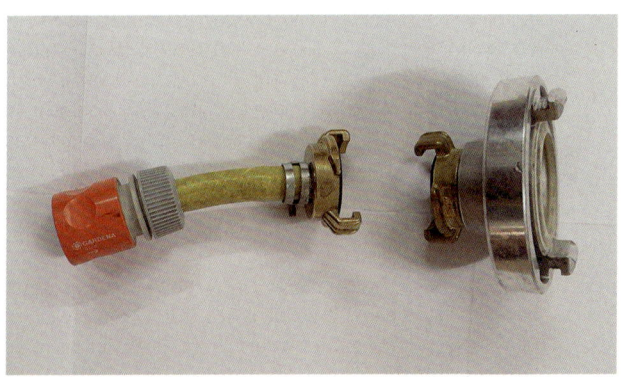

Bild 28: *Sehr einfach und wirkungsvoll. Übergangsstück von Storzkupplung auf Klauenkupplung und auf »Gardena-System«. Somit kann von jedem Verteilerabgang über verschiedene Gartenschlauchkupplungen eine Rucksackspritze gefüllt werden oder mit einem formfesten Schlauch Nachlöscharbeiten betrieben werden.*

Schlauchklemmen

Sind in Deutschland (noch) nicht üblich, obwohl nachweislich bereits in den 1940er Jahren diese Technik bei der Wasserförderung über lange Schlauchstrecken Verwendung fand. Sie dienen dazu unter Druck stehende Schläuche ohne Absperrventile abzuklemmen, um diese z. B. verlängern zu können. Insbesondere bei Einsätzen im Gelände kann dies sehr hilfreich sein, um einen Zeit- und Wasserverlust zu vermeiden.

3 Löschgeräte

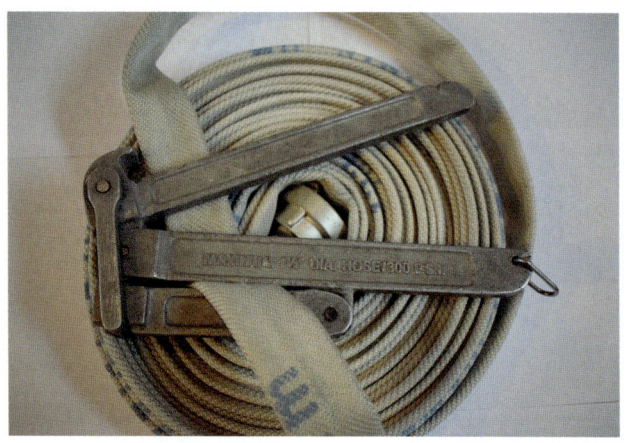

Bild 29: *Mit einer Schlauchklemme kann an beliebiger Stelle eines Schlauches, dieser unter Druck abgeklemmt (d.h. der Durchfluss unterbrochen) werden, um eine Kupplung zu öffnen und die Schlauchleitung zu verlängern oder einen defekten Schlauch auszutauschen. (Foto: @fire)*

Schlauchmanagement

Das Vorgehen mit Schläuchen im Gelände hängt sehr von der Topographie und den Entfernungen zwischen Löschfahrzeug oder Pumpenanlage und Feuersaum ab. Bevorzugt werden kleinere Schlauchquerschnitte (z.B. D-Druckschläuche zur direkten Brandbekämpfung und C-Druckschläuche als Zubringerschläuche) genutzt, um wassersparend und schnell vorgehen zu können und lange Schlauchleitungen mit wenigen Kupplungen zu erzielen. Hierdurch wird zudem ein Hängen-

3.3 Schläuche, Armaturen und Schlauchmanagement

bleiben an Hindernissen (wie z. B. Wurzeln) verhindert. Bild 30 verdeutlicht, dass auch Fahrzeuge mit kleineren Löschmitteltanks bei Vegetationsbränden sehr effektiv eingesetzt werden können.

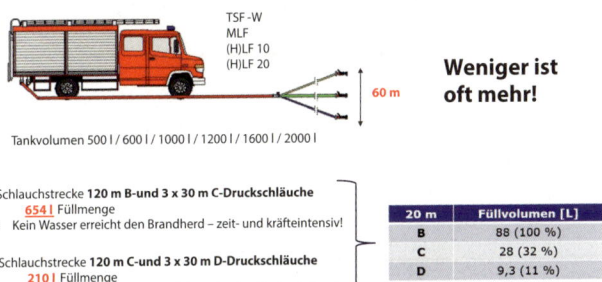

20 m	Füllvolumen [L]
B	88 (100 %)
C	28 (32 %)
D	9,3 (11 %)

… „wenige Kupplungen" (C-30, D-30) sind effektiver!

Bild 30: *Darstellung des Verlustvolumens in Schläuchen bei Vorgehen mit B- und C- oder C- und D-Druckschläuchen*

Eine Methode, die in den USA schon länger praktiziert wird, etabliert sich zunehmend auch in Europa bzw. in Deutschland, um eine effektive Verlegung von Angriffsschläuchen im unwegsamen Gelände bei der Bekämpfung von Vegetationsbränden vornehmen zu können. Diese Methode wird in den USA als »Progressiv Hoselay« bezeichnet und wird z. B. auch durch @fire gelehrt. Dabei sind die Schläuche in einem Rucksack gefaltet eingelegt und können so während dem Lauf ausgelegt werden. Wenn die Schläuche gleich mit Verteiler

3 Löschgeräte

und/oder Strahlrohr(en) verbunden sind, lassen sich verschiedene Kombinationen im Vorgehen mit mehreren Rucksäcken und Einsatzkräften darstellen. Bild 31 stellt die Methode »Progressive Hoselay« vor. In diesem Fall werden speziell dafür entwickelte Rucksäcke verwendet. Es eignen sich aber z. B. auch einfache (Bundeswehr-)Rucksäcke dafür. Im Vordergrund ist der leere Rucksack zu sehen. In diesem Fall läuft ein C-Druckschlauch mit C-DCD-Verteiler und anschließend eine D-Druckschlauchleitung mit Strahlrohr (als Schlauchpaket gebunden) aus der offenen Klappe unten links. Daran kann der C-Druckschlauch des nächsten Rucksackträgers angeschlossen

Bild 31: *Darstellung der Methode »Progressiv Hoselay«*

werden und der Vorgang wird wiederholt. So können große Strecken, auch im unwegsamen Gelände schnell überwunden werden.

3.4 Düsenschläuche, Hydroschilde, Sprinkler

Düsenschläuche
Diese eignen sich nicht zur Wasserförderung oder zur direkten Brandbekämpfung. Es gibt Düsenschläuche in den Größen von D bis F. Sie sind eher dafür gedacht, eine »Wasserwand« zu erzeugen, um einen brennenden Bereich von einem anderen (zu schützenden) Bereich zu trennen. Diese Schläuche haben einen sehr hohen Wasserbedarf und sind im Packmaß nochmals deutlich größer als im Vergleich zu »normalen« Druckschläuchen ohne Düsenbesatz. Es gibt Anwendungsfälle z. B. als Wasserwand an einem Feldweg.

In Ländern mit hohem Risiko an Flächenbränden praktizieren Feuerwehren zum Schutz ihrer Fahrzeuge in Notsituationen (wenn diese nicht mehr flüchten können), eine sehr pragmatische Methode mit normalen Druckschläuchen, indem sie diese in einen Ring um das Fahrzeug legen und mit einem Messer oder Stechwerkzeug Löcher in den Schlauch stechen. Der Effekt ist ähnlich einem Düsenschlauch und es wird eine Wasserwand um das Fahrzeug oder zu schützende Gebäude erzeugt. Der Schlauch wird hierbei jedoch zerstört und muss ausgesondert werden. Da diese Methode mit allen herkömmlichen Schläuchen in relativ kurzer Zeit umgesetzt werden

3 Löschgeräte

Bild 32: *Darstellung eines Düsenschlauches in Betrieb und ein Kettendumper zum Verlegen in unwegsamen Gelände. Sprinklertechnik auf eigenen Ständern verbunden mit C-Druckschläuchen und rechts als kompakte Version, die mit Spanngurten an Bäumen fixiert werden. (Foto: Firma Iconos)*

kann, sollte diese besondere Anwendungsmöglichkeit in bestimmten Einsatzsituationen zumindest bedacht werden.

Hydroschilde

Diese erzeugen eine ähnliche Wirkung mit deutlich geringerem Aufwand als Düsenschläuche. Die französischen, spanischen und portugiesischen Feuerwehren verwenden spezielle sparsame Hydroschilde zum Schutz der Fahrzeuge, wenn sich die Einheit »einigelt«, bei Gefahr vom Feuer eingeschlossen zu werden oder zum Schutz von Gebäuden, um das Feuer um diese herumzuleiten. Siehe hierzu Bild 64.

3.5 Sprenglöschverfahren

Dass mittels Druckwelle einer Explosion Feuer gelöscht werden können, ist eine bekannte Methode (alte Veröffentlichungen weisen auf Verfahren mit »Sprengfässchen« bereits aus dem Jahre 1715 hin). Diese wurde z. B. auch durch Red Adair und seiner Firma bei Bohrlochbränden mehrmals angewendet. Selbst in Schweden setzte das Militär 2018 Kampfjets ein, die gezielt Sprengbomben am Feuersaum abwarfen, um die großen Feuerfronten »auszublasen«. Somit konnten Bodenkräfte die deutlich reduzierten Flammenfronten wieder mit Standardgeräten löschen. Speziell zur Waldbrandbekämpfung wurde 1994 von Sprengmeister Winfried Rosenstock und dem (damaligen) Frankfurter Direktor der Branddirektion, Reinhard Ries, das sogenannte 2RS-Sprenglöschverfahren, auch »Frankfurter Verfahren« genannt, entwickelt und auf einem Feld im Stadtteil Harheim der Presse und einem Fachpublikum vorgestellt.

Dabei wird ein Folienschlauch mit ca. 20 cm Durchmesser verlegt, der mit einer Sprengschnur versehen ist und mit Wasser (aus Tanklöschfahrzeugen) gefüllt wird. Durch die elektrisch herbeigeführte Sprengung wird einerseits eine Druckwelle erzeugt, die einen gewissen »Ausblas-Effekt« erzeugt und andererseits wird das Wasser sehr fein zerstäubt und erzeugt dadurch einen Wassernebel (»Kalt-Dampf«), der die Umgebung (in Richtung Flammenfront als Löscheffekt und in Richtung intakter Vegetation als benetzter Bereich) abkühlt.

Zur Vorbereitung wird angegeben, dass ca. fünf Minuten pro 100 m Schlauch, inklusive Füllen (ca. 300 l) und Sicherung erforderlich sind. Bei größeren Brandereignissen können auch mehrere Schläuche in Linien hinter einander gelegt werden. Zum Nachlöschen müssen natürlich auch Einsatzkräfte zur Verfügung stehen. Als weiterer Vorteil wurde angegeben, dass keine speziellen Schneisen zur Durchführung der Maßnahme erforderlich sind und auch die Topographie bzw. die Bodenbeschaffenheit keinen Einfluss hat.

3.6 Löschlanzen und Erdbohrer zur Wurzel- und Moorbrandbekämpfung

Zur Bekämpfung von Erdfeuern (also Feuer unter der Erdoberfläche, z. B. in Humusschichten oder Mooren) haben sich Löschlanzen bewährt, die mechanisch per Hand, mittels Vorschlaghammer oder mit Frontlader eines Traktors bzw. mit einem Greifarm eines Krans in den Boden eingetrieben/eingedrückt werden. Diese »Erdnägel« lassen sich aus einem Rohr mit angeschweißter Spitze und Löchern sowie einem Kupplungsanschluss selbst herstellen.

3.6 Löschlanzen und Erdbohrer

Bild 33: *Einsatz von selbst gefertigten Löschlanzen auf dem Truppenübungsplatz Grafenwöhr zur Bekämpfung von Erdfeuern auf den Panzerschießbahnen*

3 Löschgeräte

Bild 34: *Typische Erscheinung eines aktiven Erdfeuers. Der Untergrund gibt nach, die Oberfläche sinkt ein und an den Bruchstellen entweicht Rauch bzw. verkohlt der Rand.*

3.7 Turbinenlöscher, LUF, Ventilatoren

Turbinenlöschfahrzeuge auch bezeichnet als Aerosol-Gasturbinen-Löscher (AGL) wurden in der DDR schon lange, z. B. im Kohletagebau »Schwarze Pumpe« zum Ablöschen von Haldenfeuern, eingesetzt. In der petrochemischen Industrie haben sich die »Turbolöscher« nicht nur zur direkten Brandbekämpfung, sondern auch zum Auswaschen und Binden von Produktaustritten (Gaswolken) bewährt. Allerdings ist der Aufwand zur Treibstoffversorgung und der technische Aufwand zum Unterhalt der Turbine erheblich.

Als Brennstoff kommen Flugzeugtreibstoffe, Jet A-1, Petroleum oder Diesel in Frage und die Verbräuche werden (unterschiedlich nach Turbinenart) mit ca. 950 l bis 1.200 l pro Stunde angegeben. Das erfordert einen erheblichen logistischen Aufwand und setzt einen nahezu statischen Einsatzbetrieb voraus. Auch der Wasserverbrauch zum Erzeugen des Wassernebels (der Abgasstrom dient als Träger zum Verteilen) ist mit 4.000 bis 6.000 l/min sehr beachtlich und ist für Flächenlagen daher ungeeignet, auch wenn die Löschwirkung sehr großflächig und effektiv ist.

Selbst kleinere Geräte mit demselben Prinzip, aber mit einer hydraulisch betriebenen Turbine (abgeleitet aus den Schneekanonen), wie z. B. die LUF 60 (Lösch-Unterstützungs-Fahrzeug) oder AirCore, sind nur bedingt für die Vegetationsbrandbekämpfung einsetzbar, da eben immer eine externe Wasserversorgung erforderlich ist. Aus diesem Grund hat Magirus ein Allrad-Fahrzeug mit aufgesetzter AirCore-Turbine und Löschmittelbehälter (3.000 l Wasser) entwickelt, mit dem auch im

3 Löschgeräte

Pump-and-Roll-Betrieb gelöscht oder gekühlt werden kann. Durch einen Domdeckel kann dann über ein Tankfahrzeug mit Übergabe-Rohrbrücke der Tank wieder gefüllt werden, wenn keine andere Technik (z. B. Hydrant) zur Verfügung steht.

Das führt eigentlich zur Überlegung, warum man nicht gleich von einem großen Tankanhänger (mit großem Löschmittelvorrat) gezogen von einem Traktor mit einer Turbine am Frontausleger, angetrieben über die (vorhandene) Gerätehydraulik des Traktors arbeitet. Das würde nur die Vorhaltung der Turbine bedeuten und man könnte die vorhandene Technik der Land- oder Forstwirtschaft verwenden. Ebenso wäre es möglich, einen Sattelauflieger mit großem Tank und aufgesetzter Turbine vorzuhalten, der zunächst mit einer Zugmaschine nahe an die Einsatzstelle und dann mit einem Dolly (Achsaggregat mit Sattelkupplung und Deichsel), der heute bei Landwirten auch schon vorhanden ist, in den Einsatz gebracht wird.

Bild 35: *AirCore-Löschfahrzeug bei der Demonstration, daneben der Traktor mit Anhänger zum Betanken durch ein Füllrohr über den Domdeckel des Fahrzeugs*

3.8 Löschmodule – Slide On Unit

Pick-up eignen sich sehr gut als Basisfahrzeuge für kompakte Ersteinsatz- und Patrouillenfahrzeuge bei Vegetationsbränden oder zur Prävention derselben. Nicht immer muss dazu die Serienpritsche durch einen Aufbau ersetzt werden. In vielen Fällen reicht es, sogenannte Slide On Units = »Aufsetzbehälter« zu verwenden. Die Industrie hält dazu mittlerweile sehr unterschiedliche Systeme und Typen zu unterschiedlichen Preisen zur Verfügung. Egal welche Version gewählt wird, Gewicht, Sicherung auf der Pritsche und Schwerpunkt bestimmen die Verwendung.

Bild 36: *Eine zweckmäßige, kostengünstige und taktisch sinnvolle Lösung könnte so aussehen.*

3 Löschgeräte

Bild 37: *Im abgesetzten Zustand und abgenommenen Deckel (siehe Spannschlösser) wird die Motorspritze mit Saugschläuchen in Entfernung aufgestellt mit dem Behälter verbunden. So kann dieser mit dem Hubschrauber und Bambi Bucket befüllt werden. Bei Nichtgebrauch wird die komplette Ausstattung im Behälter verstaut.*

Hinweis: alternativ zur Motorspritze können auch andere tragbare Pumpen (hier Fyr Pak hängend am Behälter) verwendet werden.

3.9 Schaumsysteme und Schaumeinsatz

Schaummittel, gelbildende Mittel und Netzmittel sollen in der Natur nur in begründeten Fällen eingesetzt werden. Trotzdem kann dies in Einzelfällen sinnvoll sein, um überhaupt einen Löscherfolg zu erzielen.

Dabei sind zwei verschiedene Einsatzszenarien zu unterschieden:

- Entspannen der Wasseroberfläche, um ein Eindringen in das Brandgut zu optimieren oder erst zu ermöglichen.
- Abdecken einer Oberfläche mit gelbildenden Substanzen oder einer Schaumdecke, um sensible Bereiche wie z. B. Holzgebäude, Gasbehälter oder Transformatoren gegen die Hitzestrahlung zu schützen.

Für die erstgenannte Anwendung eignen sich gering dosierte, umweltverträgliche (also nicht auf Fluorbasis aufgebaute) Schaummittel zur Entspannung der Oberfläche des Wassers hervorragend zum Ablöschen von brennenden oder glimmenden Wurzelstöcken oder Erdfeuern zum besseren Eindringen des Löschmittels in das Brandgut.

Gelbildende Schaummittel (z. B. Firesorb) oder Retardant (z. B. dem Löschwasser in einem Löschflugzeug beigemischt) eignen sich sehr gut, um Oberflächen vorübergehend zu »versiegeln« und damit den Luftabschluss zum Brandgut sicherzustellen und einen Hitzeschutz darzustellen.

In diesem Zusammenhang kann nicht auf die unterschiedlichen Zumischsysteme und deren Vor- und Nachteile eingegangen werden und es kann auch keine Empfehlung für oder gegen ein bestimmtes Schaummittel oder Retardant abgegeben werden. Die Auswahl muss im Einzelfall erfolgen. Als generelle und allgemeine Anforderungen seien genannt:

- Es muss eine feine Dosierung (0,1 bis 0,5 %) sowohl vom Schaummittel als auch durch das Zumischsystem möglich sein.
- Diese Zumischrate muss auch bei kleinen Durchflussmengen (unter 50 l/min) für Nachlöscharbeiten möglich sein (Hinweis: Druckzumischanlagen mischen dies teils erst ab 100 bis 150 l/min exakt zu).
- Das Löschmittelgemisch darf sich (auch ohne Luftzufuhr) nicht im Schlauch oder am Strahlorgan entmischen.
- Das Löschmittelgemisch muss auch über längere Schlauchstrecken (80 bis 100 m) und geringen Schlauchquerschnitten (z. B. D-25) konsistent (vermischt) bleiben.
- Bei der Premix-Methode (Beigabe des Schaummittels in einen Wasserbehälter) darf sich das Gemisch über einen längeren Zeitraum nicht entmischen (Absetzen am Behältergrund oder Aufschwimmen auf der Wasseroberfläche).

Zum Ausbringen von Schaummittel zum Abdecken von Flächen gibt es neben den bekannten Mittel- und Schwerschaumrohren auch die Möglichkeit, dies über Lüfter und Turbinenlöscher darzustellen. Somit wird die Flächenwirkung erheblich erhöht und eine gleichmäßige Verteilung erreicht. Insbesondere für die Vegetationsbrandbekämpfung haben sich Kartu-

3.9 Schaumsysteme und Schaumeinsatz

schen entwickelt, die zwischen den Kupplungen des Schlauches und des Strahlrohres oder am Verteiler eingekuppelt werden. Diese Methode ist sehr preiswert und einfach und bietet den Vorteil, dass die enthaltenen Substanzen für diese Verwendung zugelassen sind.

Bild 38: *Beispiel einer Kartusche zur Erzeugung von Netzwasser in der Schlauchstrecke*

4 Besonderheiten der Wasserversorgung

Der Wasserversorgung muss bei einem Vegetationsbrand ganz besondere Aufmerksamkeit gewidmet werden, denn die flächenmäßige Ausdehnung und die dynamische Entwicklung der Lage lässt in der Regel keine statische Wasserversorgung wie bei einem Gebäudebrand zu. In diesem Zusammenhang sei auf weiterführende Literatur, wie z. B. das Rote Heft 217 – Wasserversorgung verwiesen, in der ausführlich auf dieses Thema eingegangen wird.

Nachfolgend werden nur die spezifischen Änderungen bzw. Besonderheiten in Bezug auf die Bekämpfung von Flächenbränden aufgeführt. Ebenso sollen auf ein paar Hinweise von nicht feuerwehrspezifischen Techniken verwiesen werden, die im Einzelfall vor Ort sehr Hilfreich sein können. Deren Vor- und Nachteile werden kurz erläutert und es wird ausdrücklich angeregt, solche Systeme und Möglichkeiten in den örtlichen Alarmplänen aufzunehmen und regelmäßig zu üben.

> **INFO**
>
> **Info:**
> Im Rahmen dieses Rote Heftes kann auf die verschiedenen Vorgehensweisen zur Löschwasserversorgung übe lange Wegstrecken nicht eingegangen werden. In diesem Zusammenhang soll nur auf die speziellen Bedingungen und Umstände im Gelände eingegangen werden.

4.1 Wasserversorgung über Pendelverkehr

Der Pendelverkehr mit Tankfahrzeugen ist bei Vegetationsbränden meist die schnellere oder die einzige Möglichkeit, Wasser an eine Einsatzstelle zu transportieren. Dabei spielen die Verkehrswege, die Geländetopografie, die vorhandenen Transportmittel sowie die Entfernungen eine große Rolle. Der logistische und organisatorische Aufwand beim Pendelverkehr muss in Kauf genommen werden, um der sich ändernden Lage gerecht zu werden. Es sollte(n) grundsätzlich:

- ein eigener Einsatzabschnitt eingerichtet werden,
- dieser über einen eigenen Funkverkehrskreis verfügen,
- ausreichend Kraftstoff für Pumpen und Fahrzeuge vorgehalten werden (mindestens für vier Stunden),
- am Betankungsplatz und am Wasserübergabepunkt jeweils mindestens eine Reservepumpe gleicher Leistung vorhanden sein,
- Reservematerial (Schläuche, Armaturen usw.) vorgehalten werden,
- Lotsen eingesetzt werden (jeweils einer am Betankungs- und am Wasserübergabepunkt sowie z. B. an Weggabelungen im Wald oder an Einmündungen),
- Ein Betankungsplatz eingerichtet sein, der geeignet ist mehrere TLF-W gleichzeitig zu betanken,
- Schläuche und Leitungen abgesichert werden,
- Arbeitsbereiche bei Nachteinsätzen ausgeleuchtet werden,

4 Besonderheiten der Wasserversorgung

- eine eventuelle Ausschilderung der An- und Abfahrtswege erfolgen,
- beim Einsatz im Gelände ausreichend geländefähige oder gar geländegängige Fahrzeuge verfügbar sein,
- zur Unfallvermeidung, wenn irgend möglich, nur im Einbahnstraßen- oder Ringverkehr gefahren werden.

Insbesondere der doppelte Pendelverkehr hat sich für die Versorgung in abgelegenen Gebieten und der Versorgung von TLF für die Vegetationsbrandbekämpfung als sinnvoll erwiesen.

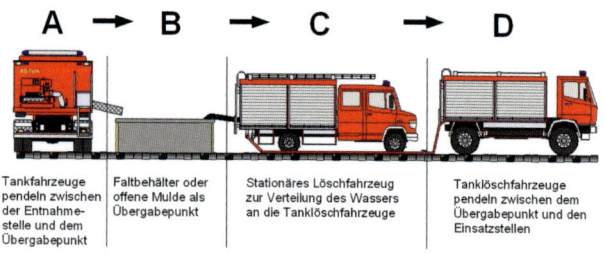

A	B	C	D
Tankfahrzeuge pendeln zwischen der Entnahmestelle und dem Übergabepunkt	Faltbehälter oder offene Mulde als Übergabepunkt	Stationäres Löschfahrzeug zur Verteilung des Wassers an die Tanklöschfahrzeuge	Tanklöschfahrzeuge pendeln zwischen dem Übergabepunkt und den Einsatzstellen

Bild 39: *Beim doppelten Pendelverkehr über Auffangbecken füllt das Löschfahrzeug bzw. die Pumpe am Übergabepunkt kleinere Tankfahrzeuge, die das Wasser gezielt an verteilten Einsatzstellen abgeben.*

4.2 Wasserversorgung über Schiene

Nach den verheerenden Waldbränden im Jahr 1975 in der Lüneburger Heide (Niedersachsen) wurde ein Konzept zur Verwendung von Kesselwagen der Bundesbahn in Verbindung mit einem Löschfahrzeug auf einem Plattformwaggon zum effizienten Löschwassertransport in abgelegene Gebiete, in denen keine Straßen oder ausreichend befestigte Wege, aber Gleisanlagen vorhanden sind, entwickelt und auf der INTERSCHUTZ 1980 vorgestellt. Diese Technik ist auch nur mit einer Tragkraftspritze denkbar. Die mögliche Füllmenge eines Kesselwagens beträgt etwa 50 bis 80 m^3, die erforderlichen Füllzeiten richten sich nach den vorhandenen Hydranten bzw. Tankfahrzeugen. Eine entsprechende zeitliche Verzögerung muss bei diesem System deshalb hingenommen werden. Trotzdem kann diese Variante der mobilen Wasserversorgung in einigen Gebieten sehr effizient und sinnvoll sein, wenn die Gleistrecke aus Sicherheitsgründen sowieso gesperrt werden muss.

4.3 Mobile Löschwasserlagerung – Falttanks (Typen, Größen)

Falttanks gibt es in unterschiedlichen Größen und Ausführungen sowohl in offener als auch geschossener Form. Entscheidend ist der Einsatzzweck. Wenn an einem Übergabepunkt das Wasser von Tankfahrzeugen, die über Pendelverkehr Wasser anliefern, über kleine Pumpen weiter verteilt oder an kleine

4 Besonderheiten der Wasserversorgung

TLF-W abgegeben werden soll, ist eher ein großer, flacher offener Behälter sinnvoll. Wenn der Behälter dagegen verwendet werden soll, um einem Hubschrauber mit Außenlastbehälter die Möglichkeit zu geben, kurze An- und Abflugzeiten zum Feuersaum einhalten zu können, ist ein hoher möglichst stabiler Behälter wichtig. Dieser sollte in der Oberfläche auch groß genug sein, um den Piloten das Eintauchen mit dem »Kübel« (Bambi-Bucket) zu erleichtern. Geschlossene Behälter (Tankblasen) wiederum sind erforderlich für den Transport auf Pritschenfahrzeugen.

Selbstaufrichtende Behälter sind an bereits geringfügig schrägen Flächen sehr nachteilig, da sie hangabwärts ausweichen. Ebenso sind Behälter mit Gestänge auf Waldböden oft nur schwer zu errichten und verziehen sich schnell. Faltbehälter mit Scherengestellen haben sich dagegen sehr bewährt, sind in Deutschland aber nicht weit verbreitet.

Zum Transport in Hanglagen zur Wasserversorgung bei Nachlöscharbeiten gibt es konisch geformte Tanks, die per Helikopter geflogen werden können und durch ihre Form stabil stehen. Die kleine Motorpumpe wird dann mit einem Saug-

4.3 Mobile Löschwasserlagerung – Falttanks

Bild 40: *Klappbare Behälter (aus USA) Man beachte den Flachsaugkorb und die B-Kupplung zum wahlweisen Füllen durch eine Schlauchleitung.*

schlauch an einem am Boden befindlichen Ventil angeschlossen. Klappbare Behälter (aus den USA) (siehe Bild 40) finden zunehmend auch in Deutschland Verwendung. Der Behälter kann z. B. auf einer Entnahmevorrichtung auf dem Fahrzeugdach oder auf einem Abrollbehälter gelagert werden und ist durch zwei Personen schnell in Stellung gebracht.

Wenn im Gelände ein offener Behälter zur Löschwasserlagerung als Übergabepunkt für TLF-W eingesetzt werden soll, dann kann dieser über eine verlegte Schlauchstrecke oder

4 Besonderheiten der Wasserversorgung

mittels Pendelverkehr mit großen Tankfahrzeugen gefüllt werden. Es sind dabei folgende Grundsätze zu beachten

- Es ist effektiver mit wenigen Fahrzeugen mit großem Tank zu pendeln als mit vielen Fahrzeugen mit kleinem Tank.
- Der Anfahrtsweg zum Übergabepunkt sollte vom Rückweg getrennt sein (»Einbahnstraßenregelung«), um Begegnungsverkehr – speziell auf engen Straßen und Wegen – zu vermeiden.

Bild 41: *Rechts: Behälter zur Wasseraufnahme mittels Außenlastbehälter; mittig (auf dem Plakat): stabiler Großbehälter (benötigt geraden und festen Untergrund); links: konischer, selbstaufrichtender Behälter (Wasserentnahme mittels Tragkraftspritze); im Vordergrund: geschlossener Faltbehälter (z. B. zur vorübergehenden Trinkwasserlagerung)*

4.3 Mobile Löschwasserlagerung – Falttanks

- Am Übergabepunkt sollte eine ausreichend große Aufstellfläche für die wasserabgebenden Fahrzeuge vorhanden sein.
- An der Wasserentnahmestelle und am Übergabepunkt müssen ausreichend große Wartezonen für die pendelnden Fahrzeuge vorgesehen werden.
- Die Pendelfahrzeuge sollten am Übergabepunkt nicht rangieren müssen. Es sollte ein seitliches Anfahren des offenen Behälters möglich sein – Rückwärtsrangieren birgt oft große Gefahren.

4 Besonderheiten der Wasserversorgung

- Die An- und Abfahrt der Tankfahrzeuge sollte durch einen deutlich gekennzeichneten Lotsen organisiert werden und muss getrennt von den TLF-W organisiert werden.
- Die Wasserübergabe sollte in ein offenes Becken (z. B. offener Faltbehälter, AB-Mulde mit eingelegter Folie oder einer großen Plane in einer Senke) erfolgen, damit mehrere Pumpen bzw. Löschfahrzeuge gleichzeitig und kontinuierlich Wasser abnehmen können, um möglichst viele TLF-W gleichzeitig betanken zu können.
- Der offene Behälter am Übergabepunkt muss ausreichend groß bemessen sein. Es sollte eine Löschwasserreserve für mindestens zehn Minuten vorhanden sein, z. B. für den Fall eines Fahrzeugausfalls.
- Es sollten vorbereitete Karten (insbesondere im Forst) vorhanden sein, die mit entsprechenden Hinweisen und Kennzeichnung für die Aufstellung der Behälter, Wendeschleifen, Wasserentnahmestellen und Fahrwege usw. versehen sind.

4.4 IBC-Behälter mit Tragkraftspritzen

Pritschenfahrzeuge lassen sich einfach und kostengünstig mit aufgesetzten Tanks, GFK-Fässern, Tankpaletten (z. B. Bild 25) oder flexiblen Tankblasen zu Wassertransportfahrzeugen umrüsten. Dabei ist unbedingt auf eine ausreichende Sicherung der Behälter bzw. Verzurrung der Tankblasen zu achten. Es sei ausdrücklich darauf hingewiesen, dass das Fahrverhalten von

4.4 IBC-Behälter mit Tragkraftspritzen

Pritschenfahrzeugen mit vollen Tankblasen sehr kritisch sein kann, da Tankblasen keine Schwallwände haben und durch ihre flexible Bauweise in Kurven und im Gelände oft eine gewisse Eigendynamik entsteht.

Versorgungsfahrzeuge bei der Feuerwehr und beim THW sind teils als singlebereifte Allradfahrzeuge ausgeführt. Auch die SW-KatS sind für diese Zwecke sehr gut geeignet und können einfach und schnell umgerüstet werden, um sogar einen Pumpe-and-Roll-Einsatz darstellen zu können. Um diese Fahrzeuge schnell zu einem Wasserversorgungsfahrzeug umrüsten zu können, könnte man ein einfaches Transportgestell gestalten, in dem eine Tragkraftspritze und das erforderliche Zubehör gelagert wird. Das Löschwasser könnte in einem

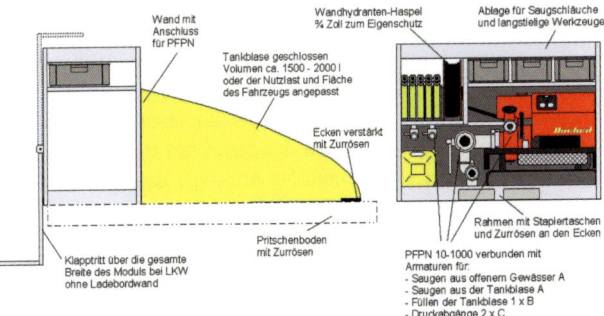

Bild 42: *Schematische Darstellung eines Transport- und Lagerungsgestells zur Aufnahme und dem Betrieb einer Tragkraftspritze und dem erforderlichen Zubehör zur Brandbekämpfung sowie einer konfektionierten Tankblase, die bei Nichtgebrauch zusammengerollt mit dem Gestell entladen und gelagert werden kann.*

4 Besonderheiten der Wasserversorgung

Faltbehälter mitgeführt werden. Mittels Stapler oder Gabelhubwagen wird das Gestell auf die Pritsche gesetzt, der Faltbehälter ausgerollt und verzurrt. Die Bedienung erfolgt über die (eingeklappte) Ladebordwand oder ein breites Trittbrett.

4.5 Wechselbehälter für Vollernter und Rücketraktoren

Vollernter (englisch: Harvester) sind geländegängige Fahrzeuge zum schnellen und effektiven Ernten von Nutzholz. Mit dem hydraulischen Arm kann ein Greif- und Schneidwerkzeug sicher aus der Kabine bedient werden, um die Stämme in einem Arbeitsgang zu fällen, zu Entasten und gleichzeitig auf Länge zu schneiden.

Mit einem Rücketraktor oder Rückeschlepper (englisch: Forwarder) wird das Holz aus dem Wald transportiert. Dazu werden auf einem speziellen Anhänger oder dem Heck des Forwarders die Stämme mittels Kran zwischen den Rungen

Bild 43: *Gegenüberstellung eines Vollernter (links) zu einem Rückeschlepper (rechts)*

4.5 Wechselbehälter für Vollernter und Rücketraktoren

abgelegt und an den Wegrand gebracht, wo sie dann von Lkw aufgenommen und abtransportiert werden.

Die Fahrzeuge eigenen sich nicht nur zum Anlegen von Schneisen und Zufahrtswegen, sondern sind vereinzelt auch zur direkten Brandbekämpfung geeignet, indem auf dem Rungenbett Tankaufbauten aufgesetzt werden, die mittels Wechsellader an die Übergabestelle gebracht werden. Mit dem Greifwerkzeug lassen sich dann z. B. Erdnägel bedienen, um Bodenfeuer zu bekämpfen.

Bild 44: *Vorstellung eines Tankaufbaus mit eigener Pumpe auf einem Forwarder auf einer Forstmesse (Hinweis: Der Aufbau ist in diesem Zustand nicht aufgesetzt, um das Prinzip darstellen zu können)*

5 Messgeräte und Warnsysteme

5.1 Früherkennungs- und Warnsysteme

Im Rahmen dieser Veröffentlich kann nicht ausführlich auf die verschiedenen Techniken eingegangen werden. Hier sei auf weiterführende Literatur verwiesen. Es muss unterschieden werden zwischen globalen und lokalen Systemen. Globale Systeme, z. B. über Satellit, können nur bedingt für ein aktuelles Ereignis genutzt werden. Lokale Systeme sind z. B. Feuertürme (kommen ursprünglich aus Kanada) auf denen Beobachter durch Peilung von zwei bis drei Feuertürmen auf eine Rauchfahne den (ausreichend) exakten Ort bestimmen können. Heute wird diese Technik von Kameras übernommen, die wesentlich schneller und exaktere Daten liefern und in einem ständig besetzten Lagezentrum ausgewertet werden. Eine solche Technik wird seit Jahren im Land Brandenburg sehr erfolgreich eingesetzt. Durch die Früherkennung werden die Meldefristen bzw. die Zeit zur Alarmierung der Feuerwehren ganz erheblich verkürzt. Somit können Entstehungsbrände bereits sehr schnell bekämpft werden, da auch die Ortsangaben zuverlässiger sind als durch das Melden von Waldarbeitern oder Spaziergänger.

5.2 Sattelitenbilder

Satellitenbilder können, wenn diese zeitgleich (zumindest tagesaktuell) übermittelt werden und über eine ausreichend

5.2 Sattelitenbilder

hohe Auflösung verfügen, zur Beurteilung der Gesamtlage beitragen. Speziell bei lang andauernden Einsätzen in abgelegenen Gebieten können wertvolle Hinweise geliefert werden, wie z. B.:

- das Anlegen von Behelfsstraßen bzw. -wegen,
- das Anlegen von Behelfsbrunnen (zur Löschwasserförderung),
- Aussagen zur Steinschlaggefahr und der Veränderung der Situation im Gebirge.

Literaturtipp:

Dirk Schneider: Waldbrandfrüherkennung, W. Kohlhammer Verlag, 2021.

Entsprechende Landkarten (heute vermehrt direkt elektronisch über GIS-Systeme) erleichtern die Einsatzvorbereitung. Eine Hilfe kann der Militärgeographische Dienst (MilGeo) sein, der auch innerhalb der Bundeswehr über weitere Informationsmöglichkeiten (z. B. Luftbildaufklärung) verfügen kann. Seit Anfang 2013 gibt es Verträge des Bundesinnenministeriums bzw. des BBK mit dem Deutschen Zentrum für Luft- und Raumfahrt (DLR), das aus verschiedenen Quellen (Radar-Satelliten, Satelliten, Flugzeugen usw.) für den Katastrophenschutz umfassendes aktuelles Datenmaterial zur Verfügung stellen kann.

5 Messgeräte und Warnsysteme
5.3 Wettermessgeräte

Jeder ELW einer Feuerwehr verfügt über ein Wettermessgerät, mit dem die wichtigsten Wetterdaten vor Ort ermittelt und meist auch aufgezeichnet werden können. Daten wie Windrichtung, Windgeschwindigkeit, Luftdruck, Luftfeuchte, Temperatur usw. sind wichtige Grundlagen für die Einsatzleitung zur Beurteilung der Lage und haben einen entscheidenden Einfluss auf die zu ergreifenden Maßnahmen. Bei großen Waldbrandlagen sollte unbedingt ein erfahrener Wetterspezialist (Meteorologe) als Fachberater hinzugezogen werden, da große Flächenfeuer ihr eigenes Klima erzeugen können und die aktuelle Messung am abgesetzt aufgestellten ELW oder der Einsatzleitung in einem Gebäude nicht unbedingt die Situation bei den Bodenkräften an verschiedenen Orten wiederspiegelt.

Abgesetzt operierende Einsatzkräfte sollten daher auch über eine eigene Messtechnik verfügen, um die Situation vor Ort sicherer einschätzen zu können. Mit mobilen, sehr handlichen Wetterstationen (z. B. von Kestrel), die sogar in die Hosentasche oder den Rucksack passen, sind gerade in bergiger Topografie wertvolle lokale Wetterinformationen abrufbar, um z. B. für die Einweisung von Luftfahrzeugen oder zur Beurteilung der Entwicklung des Feuers an einer Flanke genutzt werden zu können. Sie sollten daher zumindest auf Zugführerebene von Einheiten oder selbstständig operierenden Kräften im Bereich der Feuerfront(en) verfügbar sein.

5.4 Signalhorn, Sirenen

Bild 45: *Kestrel zur Ermittlung der wichtigsten Wetter-Daten vor Ort*

5.4 Signalhorn, Sirenen

Neben der Funkkommunikation (die ausfallen kann bzw. im Gelände nicht immer sichergestellt ist) kann es wichtig sein, Einsatzkräfte auch auf andere Art als nur mit der Trillerpfeife zu warnen oder zurückzurufen. Somit sind leistungsstarke Signalhörner oder portable Sirenen ein einfaches und wirkungsvolles Mittel. Man könnte dazu natürlich auch die Sondersignalanlage eines Fahrzeuges nutzen. Allerdings zeigt die Erfahrung, dass dieses Signal eher zur Verwirrung oder Verunsicherung beitragen kann, da es leicht mit weiter anrü-

5 Messgeräte und Warnsysteme

ckenden Kräften in Verbindung gebracht wird. Starktonhörner, umgangssprachlich auch »Bullhörner« genannt (man kennt diese aus amerikanischen Filmen), werden zunehmend auch bei Feuerwehrfahrzeugen verbaut und können dazu verwendet werden. Die Signale oder das entscheidende Rückzugsignal muss dabei vorher allen Einsatzkräften bekannt gegeben werden.

6 Kommunikations- und Führungstechnik

Aufgrund der großen Entfernungen bei ausgedehnten Flächenbränden kommt der Kommunikation eine besondere Bedeutung zu. Nicht zu unterschätzen sind auch Plasmaeffekte, die auftreten können, wenn sich zwischen den einzelnen Funkstationen eine Flammenwand befindet. Die Fernmeldeplanung und Funkübungen für waldreiche Gebiete sollten bereits im Vorfeld durchgeführt werden, um im Einsatzfall möglichst reibungslos abzulaufen.

Im Einzelfall ist es durchaus noch erforderlich mit Boten oder (Krad-)Meldern zu arbeiten, um Nachrichten übermitteln zu können. Insbesondere wenn z. B. durch Ausfall von Infrastruktur (Sendemast) oder durch polizeiliche und/oder militärische Maßnahmen (zwangsweise Unterbrechung der Mobilfunknetze) oder Ausfall übliche Kommunikationssysteme (WLAN) nicht mehr zur Verfügung stehen. Leichte elektrische Mountainbikes sind dabei schnelle und zuverlässige Technik und z. B. einem Quad oder Motorrad vorzuziehen, da diese notfalls auch mal über einen quer liegenden Baumstamm gehoben werden können, wenn ein Umfahren nicht mehr möglich ist.

6 Kommunikations- und Führungstechnik

6.1 Funktechnik

Die Fernmeldeplanung muss auch berücksichtigen, dass in solchen Fällen die beteiligten Kräfte (Feuerwehr, THW, Polizei, Rettungsdienst, Forst, private Flugbetreiber, Bundeswehr und andere militärische Streitkräfte, Bergwacht usw.) mit unterschiedlichen Systemen, auf unterschiedlichen Kanälen und Frequenzen funken. Es muss daher damit gerechnet werden, diese »fremden« Kräfte bzw. Einheiten mit der Verteilung von mobilen Funkgeräten (gegebenenfalls unter Stellung von Funkpersonal) bzw. der Bereitstellung von Kommunikations-/Lotsenfahrzeugen erreichbar zu machen. Entsprechende Technik ist in den Führungsfahrzeugen (ELW oder auch in ergänzenden Fahrzeugen, wie GW-Fernmeldetechnik) mitzuführen. Die Verteilung bzw. Zuordnung ist dann zu erfassen und allen Beteiligten verfügbar zu machen.

Um die Betriebssicherheit der Funkstrecke in unterversorgten Gebieten zu gewährleisten, unterhält das THW noch einige Mast-Kraftwagen (ehemals aus der Bundeswehr und Bundespolizei). Auch Netzbetreiber unterhalten mobile Funkmasten, die im Einsatzfall zur Verfügung gestellt werden können. Die nächstgelegene Einheit sollte in der jeweiligen Alarmplanung aufgenommen und deren Verfügbarkeit im Vorfeld abgesprochen werden.

6.1 Funktechnik

Bild 46: *Bei dem verheerenden Waldbrand 2014 in Sala/Schweden wurde kurzerhand der Sendemast der Einsatzleitung mit einer Gelenkbühne angehoben, um den Funkbetrieb sicherstellen zu können.*

6 Kommunikations- und Führungstechnik

6.2 Luftbeobachter und -führung

In einigen Bundesländern (z. B. Bayern und Niedersachsen) werden Luftbeobachterstaffeln unterhalten. Sie rekrutieren sich aus Piloten mit ihren privaten Flugzeugen und ehrenamtlichen Kräften (meist Bedienstete aus Landratsämtern und Hilfsorganisationen), die ab einer kritischen Waldbrandstufe (meist 4 von 5) zu Rundflügen über gefährdete Gebiete fliegen und nach Entstehungsbränden oder kritischen Bedingungen Ausschau halten. Als wichtigste Hilfsmittel sind Karten und BOS-Funk an Bord. Die Luftbeobachter können auch bei Flächenlagen eingesetzt werden, um Bildmaterial für die Einsatzleitung zu erstellen oder um vermisste Personen/Einheiten ausfindig zu machen.

6.3 Einsatzkarten

Neben den heute üblichen Navigationssystemen wird dringend empfohlen auch noch (geeignetes) Kartenmaterial vorzuhalten, denn Navigationssysteme können ausfallen (Akku leer, kein ausreichendes Signal im Gelände) und zudem sind diese teils nicht ausreichend genau (wenn diese nicht umgestellt oder programmiert werden können), wenn es z. B. um »Lkw-Fahrstrecken« oder Bike- oder Wanderwege geht. Als ein sinnvolles Instrument der Holzbauwirtschaft hat sich NavLog entwickelt, in dem das Wegenetz im deutschen Wald erfasst und kategorisiert ist.

6.3 Einsatzkarten

Info:
Das nordrheinwestfälische und bayerische Umweltministerium hat mit der NavLog GmbH jeweils eine Landeslizenz zur Nutzung von Waldwegedaten (die deutschlandweit erhoben wurden) abgeschlossen. Damit ist die Nutzung dieser Daten für alle Behörden und Organisationen mit Sicherheitsaufgaben (BOS) in NRW und Bayern möglich. Es werden dabei Karten (auch für Navigationssysteme) und Luftbilder angeboten.

Im Gegensatz zu urbanen Gebieten werden im Wald verschiedene Wegesysteme unterschieden und für das Fortkommen und/oder die Fluchtmöglichkeiten müssen diese den eingesetzten Kräften bekannt sein. Es wird eine Grob- und eine Feinerschließung im Forst unterschieden und daraus abgeleitet gibt es ein Forstwegenetz, das ganzjährig mit Lkw befahren werden kann und sogenannte Rückegassen/Rückewege, die nur mit entsprechenden Forstmaschinen (in den meisten Fällen für Feuerwehrfahrzeuge ungeeignet!) befahren werden können.

Literaturtipp:

Rote Hefte 107: Birgit Süssner, Wald- und Vegetationsbrände. Prävention, Einsatzvorbereitung, Bekämpfung, W. Kohlhammer Verlag, 2020.

6 Kommunikations- und Führungstechnik

6.4 Wegkennzeichnung

Nicht immer kann mittels Luftbeobachter (nur zeitlich begrenzt im Einsatz) oder stationären Früherkennungssystemen (in vielen Bundesländern nicht vorhanden) ein Entstehungsbrand

Bild 47: *Links: Auf dem kleinen weißen Schild ist im unteren Bereich der lokale UTM-Wert angegeben. Rechts: Hier ist der Rettungstreffpunkt »NU-2017« beim Notruf angegeben. (weitere Infos: www.rettungskette-forst.Bayern.de)*

frühzeitig ausgemacht werden. In vielen Fällen und Jahreszeiten sind die Einsatzkräfte auf die Mithilfe der Bevölkerung angewiesen. Spaziergänger, die einen Brand entdecken, können heute mittels Handy den Brand melden. Allerdings ist es dann oft schwierig eine genaue Ortsangabe zu machen, um die Anfahrt der Einsatzkräfte zu verkürzen. Hier haben sich Hinweisschilder an Wanderwegen und Rastplätzen sehr bewährt, die in der zuständigen Leitstelle oder Einsatzzentrale bekannt sind. Durch Abfrage (durch den Disponenten) oder Meldung (der meldenden Person) der Koordinaten (z. B. der UTM-Werte) kann ein Rettungs- oder Löschfahrzeug anfahren oder ein Hubschrauber anfliegen, wenn die örtlichen Verhältnisse es zulassen.

6.5 Drohnen zur Luftaufklärung und Überwachung

Drohnen oder »unmanned air systems« (UAS) bzw. »unmanned air vehicles« (UAV) werden zunehmend auch von Behörden mit Sicherheitsaufgaben (BOS) eingesetzt und eignen sich hervorragend zur lokalen Luftraumüberwachung. Das Einsatzspektrum ist dabei sehr vielseitig. Unbemannte Luftfahrtsysteme und Flugmodelle sind Luftfahrzeuge, deren Bediener bzw. steuernde Person (auch hier Pilot genannt) die Luftgesetze in Deutschland einhalten müssen. Unbemannte (egal ob kommerziell oder privat genutzte) Luftfahrtsysteme und Flugmodelle werden dabei weitestgehend gesetzlich gleichgestellt. Dabei ist, wie bei den bemannten Fluggeräten auch, zwischen Flächenflieger und Rotorflügler (ähnlich Hubschrauber bzw. Helikopter) zu unterscheiden. Entsprechend der Anzahl der Rotoren werden diese dann z. B. als Quadro-, Hexa- oder Oktokopter bezeichnet. Es kann im Rahmen dieser Veröffentlichung nicht auf die gesetzlichen und technischen Gegebenheiten eingegangen werden. Hier wird z. B. auf den Bericht in der BRANDSchutz 1/2018 »Drohnen: Anwendungen und Grenzen im Brand- und Katastrophenschutz« verwiesen. Beim Einsatz in Waldgebieten muss man aber wissen, dass der Sichtflug (anders darf nicht geflogen werden!) sehr schnell eingeschränkt ist und diese Fluggeräte sehr schnell auf die Thermik eines Feuers reagieren können. Zur großflächigen Lageerkundung eignen sich dann nur autonom fliegende Systeme, die eine spezielle Zulassung erfordern. Ebenso muss dringend beachtet werden, dass der Flugbetrieb gleichzeitig mit dem Einsatz von Hubschraubern (tieffliegend mit Außenlastbehälter) nicht möglich bzw. sehr gefährlich ist.

Zur lokalen Überwachung einer Bodenmannschaft könnten diese kompakten Drohnen sicher eine wertvolle Hilfe sein, insbesondere dann, wenn diese als kabelgebundene UAS, quasi an einer »Schleppleine gefesselt« (spezielles Kabel bis 100 m zur Energieversorgung und Steuerungsübertragung) fast unendlich lange in der Luft bleiben können. Neben der langen Flugdauer bieten sie auch den Vorteil, dass das Gerät praktisch nicht verloren gehen kann und der Akku für den Notbetrieb deutlich kleiner und leichter ist und dadurch die Nutzlast erhöht werden kann. Somit könnte z. B. eine Funkstrecke optimiert werden oder auch eine Ausleuchtung bei Dämmerung sichergestellt werden. Auch zum Aufspüren von

6.6 Personenkennzeichnung

Hotspots bei Nachlöscharbeiten sind Drohnen mit WBK oder Dualkameras (Wärmebild- und Farbbildkamera) gut geeignet.

Bild 48: *Kleine Auswahl verschiedener Drohnen (UAS/UAV) zur Luftaufklärung*

6.6 Personenkennzeichnung

Auch bei der Vegetationsbrandbekämpfung sollten die einzelnen Einsatzkräfte durch auffällige Kleidung oder eine Kennzeichnung (z. B. Koller) gut erkennbar sein. In anderen Ländern wird dies z. B. durch die Helmfarbe sichergestellt, um aus der Luft oder größerer Entfernung schnell eine Zuordnung der Personen vornehmen zu können. Aus diesem Grund haben sich gelbe oder rote Waldbrandhemden und/oder Jacken etabliert. Für den gelegentlichen Einsatz sollte leichte Schutzkleidung (siehe Kapitel 1.2) verwendet und zusätzlich die Funktionswesten getragen werden, um eine Zuordnung der Führungskräfte sicherzustellen, denn mehr als bei Gebäudebränden oder der technischen Hilfe ist eine schnelle und sichere Kommunikation in diesen Fällen wichtig.

Bild 49: *Kennzeichnungsweste für einen Fachberater neben dem Einsatzleiter (Foto: @fire)*

6.7 Fahrzeugkennzeichnung

Speziell bei Vegetationsbränden kann das Führen aus der Luft erheblich zum Einsatzerfolg oder zur Sicherheit der Bodenkräfte beitragen. Deshalb muss der Dachkennzeichnung von Einsatzfahrzeugen eine hohe Priorität eingeräumt werden. Alle

6.7 Fahrzeugkennzeichnung

Einsatzfahrzeuge sollten generell über eine Dachkennzeichnung verfügen und nicht erst im Einsatzfall »aufgerüstet« werden müssen. Es muss für eine Hubschrauberbesatzung möglich sein, ein Fahrzeug bzw. dessen Besatzung über Funk ansprechen zu können. Als Kennzeichnung sollte daher das Kennzeichen des Fahrzeugs (eventuell zusätzlich der Funkrufname) deutlich lesbar auf dem Dach angebracht sein. Wenn das Kennzeichen gewählt oder sogar vorgeschrieben ist (abhängig vom Bundesland!), sollte dieses zusätzlich auch am Funkgerät oder im Bereich des Armaturenbrettes als Schild vorhanden sein, denn nicht jede Einsatzkraft hat mit Sicherheit das Kennzeichen des Fahrzeugs im Kopf, in dem sie gerade ausgerückt ist.

7 Fahrzeugtechnik der Feuerwehr

7.1 Ergänzungen für kommunale Löschfahrzeuge

Es kann bereits mit einfachen Ergänzungen die Leistungsfähigkeit kommunaler, genormter Löschfahrzeuge zum Einsatz bei Vegetationsbränden gesteigert werden.

Hinweis:
Bei der Normüberarbeitung der Löschgruppenfahrzeuge für den Katastrophenschutz (LF 20 KatS) wurden viele der nachfolgend beschriebenen Ergänzungen normativ vorgegeben. Dies ist eine gute Grundlage zur Überprüfung der eigenen Fahrzeuge.

Grundsätzlich sollten Filtermasken, dichtschließende Schutzbrillen und Flammschutzhauben für die gesamte Besatzung, Feuerpatschen, D-Schlauchmaterial und entsprechende Armaturen sowie mindestens ein Löschrucksack auf den Fahrzeugen verfügbar sein. Bei älteren Fahrzeugen lassen sich D-Druckschläuche und ein Hohlstrahlrohr z. B. in einem aufgeschnittenen Schaumkanister unterbringen. Somit ist keine zusätzliche Lagerung oder sogar ein Umbau des Lagerungseinbaues erforderlich. Das übrige Material lässt sich unter einer Sitzbank in der Mannschaftskabine verstauen. Die Ergänzung mit Wiedehopfhacken wird ebenso empfohlen wie die Aufnahme von spitzen Schaufeln, wie z. B. die bayerische Sandschaufel oder Sandschaufeln mit spitzem und rundem Blatt (siehe auch

7.1 Ergänzungen für kommunale Löschfahrzeuge

Kapitel 2.1). Bei neuen Fahrzeugen sollte ein Abgang in der Größe C von der Pumpe nach vorne an die Fahrzeugfront Standard sein, um im Pump-and-Roll-Betrieb das Arbeiten mit C- oder D-Schläuchen (z. B. mit einem C-DCD-Verteiler) zu vereinfachen.

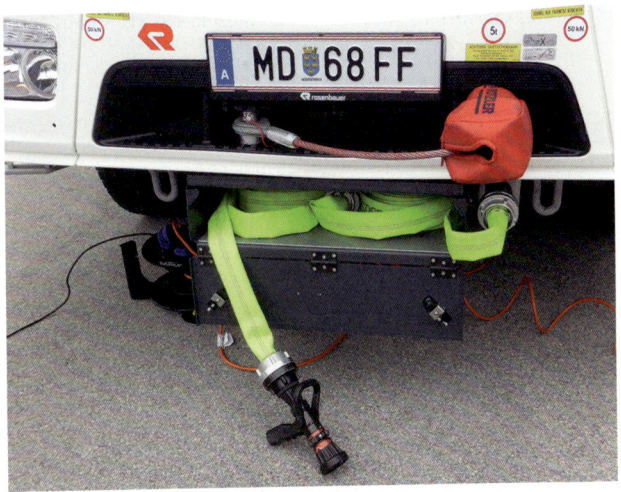

Bild 50: *Beispiel eines C-Druckabgangs an der Front eines Tanklöschfahrzeugs, in diesem Fall sogar mit einem Gerätekasten zur Lagerung der Einrichtung zur schnellen Wasserabgabe*

Auch der nachträgliche Schutz von empfindlichen Luft-, Brems- und Elektroleitungen kann in Einzelfällen durch Ummanteln mit einem Schutzschlauch mit vertretbarem Aufwand sinnvoll sein, um im Einsatzfall die Sicherheit zu erhöhen.

> **Info:**
> Alubedampftes Gewebe, wie sie auch bei Hitzeschutzkleidung Verwendung findet, eignet sich gut, um sensible Kabel- und Druckluftleitungen an Fahrzeugen (auch nachträglich) zu schützen. Durch den Klett- oder Druckknopfverschluss kann dieser Schlauch um Leitungen gelegt werden ohne diese demontieren zu müssen.

Insbesondere dem Federspeicher sollte hier eine erhöhte Aufmerksamkeit geschenkt werden, denn bei seinem Ausfall steht das Fahrzeug eingebremst.

Als hilfreich haben sich auch einfache Kurzbedienungsanleitung in der Fahrerkabine erwiesen, die die wichtigsten Schritte zum Vorgehen beim Pump-and-Roll-Betrieb erklären. Im Einzelnen könnten beispielsweise folgende Schritte aufgeführt werden:

- Schalten der Pumpe für den Betrieb im Pump-and-Roll.
- Verlegen der Schläuche im Pump-and-Roll-Betrieb.
- Vereinbaren der Handzeichen und akustischen Signale zwischen Rohrführer und Fahrer.
- Schließen aller Fenster und Dachluke(n) der Kabine.
- Umstellen der Lüftung auf »Umluft« (um keinen Rauch in die Kabine zu saugen).
- Einschalten des Fahrlichtes und der optischen Sondersignalanlage zur besseren Erkennbarkeit bei Rauch.

- Eventuell Ablassen des Luftdrucks, um die Traktion auf einem losen Untergrund zu erhöhen (Achtung: bei Zwillingsbereifung besteht die Gefahr, dass die Flanken der Reifen aneinander reiben und damit beschädigt werden!).
- Verwenden von CO-Warner für die Mannschaft am Strahlrohr bzw. am Bedienstand der Fahrzeugpumpe und/oder Kabine.
- Entfernen von fahrbaren Haspeln, Stromerzeuger und Spreizer-/Schere-Aggregat, um die Achslast zu verringern.

7.2 Technik für TLF-W

Lösch- und Tanklöschfahrzeuge für die Vegetationsbrandbekämpfung sollten, neben der oben beschriebenen ergänzenden Beladung, zusätzlich über einige technische Maßnahmen zum Schutz vor Hitze oder direkter Flammeneinwirkung verfügen, wenn diese Fahrzeuge auf abgebrannten Flächen (z. B. Stoppelfelder) eingesetzt werden sollen. Insbesondere nachfolgende Baugruppen sind zu betrachten:

- Druckluft(brems)leitungen,
- Fahrgestell- und Aufbau-Elektrik,
- Kraftstoffbehälter und -leitungen.

Man unterscheidet passive und aktive Schutzmaßnahmen.
Passive Schutzmaßnahmen sind z. B.:
- verstärkte bzw. geschützte Leitungen,
- geschützter Verbau von wichtigen Komponenten,

7 Fahrzeugtechnik der Feuerwehr

- Anbau von Zusatzschutzelementen vor wichtigen Komponenten (z. B. Schutzbleche unter bzw. vor dem Kühler und den Differentialen) oder dem Getriebe.

Bild 51: *Passive Schutzmaßnahmen an einem Renault-Fahrgestell für ein französisches TLF-W*

7.2 Technik für TLF-W

Diese passiven Schutzmöglichkeiten gibt es bei einigen Fahrgestellen serienmäßig, wie z. B. beim Mercedes-Benz-Unimog oder bei Versionen des Iveco Euro Cargo FF 4x4 oder Renault Midlum. Grundsätzlich können alle anderen Lkw-Fahrgestelle ebenfalls so nach- oder ausgerüstet werden. Bild 51 zeigt beispielhaft die passiven Schutzmaßnahmen an einem Renault-Fahrgestell. Alle roten Leitungen sind spezielle, hitzebeständige Schutzüberzüge über die Standardleitungen des Fahrgestells. Man beachte auch den Anbau der Aggregate hinter der Kabine. Das Auspuffendrohr, die Luftansaugung und auch die Batterien werden so geschützt und können andererseits auch keine Gefahr darstellen. Der Kunststoff-Kraftstoffbehälter wurde durch einen Alu-Behälter ersetzt und die Teile der Bremsanlage werden durch Schutzbleche gesichert.

Aktive Schutzmaßnahmen sind Lösch- bzw. Kühldüsen. Diese dienen dem Eigenschutz durch Ablöschen der brennenden bzw. glühenden Bodenoberfläche beim Fahren. Damit diese funktionieren, muss das Fahrzeug über die »Pump-and-Roll-Fähigkeit« verfügen oder die Anlage durch eine separate Pumpe bedient werden. Löschdüsen gibt es in mehreren Ausführungen, die nach dem Anbauort unterschieden werden. Frontsprühdüsen oder Frontlöschdüsen sitzen an der Fahrzeugfront, im Bereich der vorderen Stoßstange oder darunter. Sie löschen offene Flammen bzw. schlagen diese nieder. Bodensprüh- oder Löschdüsen sollen Flammen unter dem Fahrzeug verhindern.

7 Fahrzeugtechnik der Feuerwehr

Bild 52: *Löschdüsen sollen Flammen vom Fahrzeug wegdrücken bzw. direkt löschen. Sie sind deshalb nach vorne bzw. unten gerichtet. An diesem TLF-W der Bundeswehr sieht man die Frontsprühdüsen in Aktion. Unter dem Fahrzeug sind ebenfalls Düsen angebracht.*

 Achtung:
Löschdüsen in Richtung Boden sind wirkungslos gegen Wärmestrahlung auf das Fahrzeug von oben (z. B. Wipfelfeuer, Vollbrand, Flugfeuer) bzw. der Seite (z. B. bei Vollbrand, Flugfeuer, Buschwerk, aber auch schon trockenes Getreide) oder tiefer liegende Glut, offene Flammen unter dem stehenden Fahrzeug im Stand (z. B. Bodenfeuer, Glutnester).

Aufbau- und Kabinensprüheinrichtungen werden z. B. in Frankreich, Spanien oder Portugal an TLF-W verbaut, deren

7.2 Technik für TLF-W

Einsatz bei ausgedehnten Wald- und Flächenbränden mit regelmäßig hoher Strahlungswärme erfolgt.

(Kabinen-)Schutzdüsen dienen im Gegensatz zu den beschriebenen Löschdüsen nicht zum Löschen eines Feuers oder dem Niederschlagen von Flammen, sondern sollen durch Benetzung der Fahrzeugoberfläche oder von Fahrgestellkomponenten wichtige Bauteile und Reifen kühlen und so einen Schaden minimieren oder verhindern. Üblicherweise werden dazu Wasserleistungen von 1 bis 1,5 l/m² Oberfläche angesetzt. Diese Düsen schützen daher ausschließlich vor thermischen Schäden und schaffen notfalls einen Rückzugsort, wenn die Mannschaft und das Fahrzeug vom Feuer eingeschlossen werden sollten. Zu diesem Zweck bleibt im Tank eine Restmenge, die nicht über die Feuerlöschkreiselpumpe entnommen werden kann und im Fall von Sauerstoffmangel (Verbrennungsmotor geht dann aus) wird eine elektrische Tauchpumpe (über die Fahrzeugbatterie betrieben) aktiviert, die die Sprühdüsen versorgt.

Zusätzlich werden in den Kabinen Atemluftflaschen mit angeschlossenen Halbmasken (die Mannschaft steigt mit Schutzbrillen ein!) zur Luftversorgung aller Besatzungsmitglieder vorgehalten. Die Ausstattung der Kabine wird vervollständigt durch außenliegende Schutzbügel (speziell vor Äste und zum Umfahren kleiner Bäume und Büsche) und innenliegenden Überrollkäfig (für den Fall, dass das Fahrzeug sich überschlägt).

7 Fahrzeugtechnik der Feuerwehr

Bild 53: *Gut zu erkennen sind der äußere Schutzbügel (weiß), der innenliegende Überrollschutz (schwarz gepolstert) und die Atemanschlüsse (Halbmasken) für die Mannschaft. Die Halbmasken sind an eine zentrale Atemluftversorgung angeschlossen und werden griffbereit gelagert. Rechts: Durch einen zentralen Alarmtaster (hier Gelb) wird die gesamte Schutzeinrichtung aktiviert. Üblich sind mittlerweile auch Anzeigeinstrumente (aufgesetztes Instrument), die die Neigung des Fahrzeugs bei Schräglage oder Gefällefahrt anzeigen.*

TLF dienen vornehmlich der Förderung und dem Transport von Löschwasser auch im Pendelverkehr und der Durchführung eines Schnellangriffs. Schon 1975 haben sich bei den großen Waldbränden in Niedersachsen geländegängige TLF 8 (oft noch TLF 8/8 LS) aus Katastrophenschutzbeständen bewährt. Die Mehrzahl der TLF 8-W, die aufgrund der Erfahrungen von damals angeschafft wurden, sind mittlerweile veraltet oder längst außer Dienst.

7.2 Technik für TLF-W

Taktisch bzw. technisch gleichwertige Fahrzeuge wurden aber kaum mehr beschafft. Die Normung hat zwischenzeitlich darauf reagiert und mit den TLF 2000 wieder ein TLF eingeführt, das ähnlich dem TLF 8(/18), als kompaktes, wendiges und geländegängiges Fahrzeug dargestellt werden kann. Leider ist die Auswahl an geeigneten und kompakten Fahrgestellen bis 7,5 t Gesamtmasse sehr begrenzt. Als Nachfolger des ebenfalls weit verbreiteten TLF 16/24-Tr wurde das TLF 3000 eingeführt, das es ermöglicht, ein »klassisches TLF-W« aufzubauen. Allerdings sind die früher üblichen schmalen Breiten unter 2,3 m mit modernen Fahrgestellen auch hier nicht mehr darstellbar.

Das größte genormte TLF 4000 gibt es in zwei Versionen. Die einfache Version in der Klasse M nach EN 1846 (bis 16,0 t Gesamtmasse) ist zwar schon recht schwer, kann aber bei einer guten Achslastverteilung und einigen zusätzlichen Optionen ebenfalls sehr gut für die Vegetationsbrandbekämpfung aufgerüstet werden. Das (P)TLF 4000 in der Gewichtsklasse S (18,0 t Gesamtmasse) ist aufgrund der hohen Achslasten, der Größe (speziell Fahrzeughöhe über 3300 mm und Breite) nur bedingt geeignet.

In einigen Bundesländern (z. B. Brandenburg) wurden auf der Basis der Norm für TLF 4000 TLF-W (meist auf Unimog-Fahrgestell) beschafft, die durch ihre zusätzliche Ausstattung (z. B. Dachluke mit Strahlrohr, Frontwinde, Schutzbügel usw.) an die örtlichen Bedingungen zur Vegetationsbrandbekämpfung angepasst wurden. Nachfolgend werden ein paar Beispiele, stellvertretend für die große Vielfalt und die sehr unterschiedlichen Ausführungen von Fahrzeugen in Deutschland vorgestellt.

7 Fahrzeugtechnik der Feuerwehr

Bild 54: *TLF 2000 der Firma BAI/I auf einem Unimog Typ U219. Dieses Fahrgestell ist eigentlich ein Fahrgestell für die kommunale Anwendung. Nicht jeder Unimog ist gleichermaßen geländetauglich und für die Vegetationsbrandbekämpfung geeignet. Man beachte den Aggregateanbau, die tiefen Trittstufen sowie Rampen- und Böschungswinkel. Auch der große Kunststoffanteil kann bei Strahlungshitze zu Schäden führen. (Foto: Daimler Truck AG)*

7.2 Technik für TLF-W

Bild 55: *TLF 3000 der Feuerwehr Eberbach. Aufgebaut (Firma Ziegler) auf einem singlebereiften MAN mit mechanischem Wasserwerfer auf dem Dach und einem C-Anschluss an der Front.*

Bild 56: *Das Sonder-TLF der Feuerwehr Filderstadt auf einem Mercedes Zetros mit seltener Doppelkabine u. Aufbau von Walser/Rankweil/A wurde auch in Hinblick auf die Anforderungen bei der Waldbrandbekämpfung ausgestattet (vgl. BRANDSchutz 7/2014 ab S. 506).*

7 Fahrzeugtechnik der Feuerwehr

Bild 57: *Tatra-Fahrgestelle gelten mit ihrer Einzelradaufhängung (hier im abgelassenen Zustand) als besonders geländegängig. In der Kabine sind zudem vier Sitzplätze möglich.*

Bild 58: *Magirus bietet auf dem Daily Allradfahrgestell ein TLF 2000 mit sehr leichtem Kunststoffaufbau an. Das Fahrzeug ist extrem kompakt und z. B. in Hanglagen von Weinbergen ideal einsetzbar.*

7.2 Technik für TLF-W

Bild 59: *Ein TLF-W ähnlich denen vom Land Brandenburg von der Firma Gimaex auf einem Unimog-Fahrgestell konsequent für den Einsatz im Gelände und bei Flächenbränden ausgestattet mit Sprühdüsen, Frontwerfer, Zugeinrichtung, hochgezogenem Auspuff und Unterbaukästen aus Metall.*

Im Ausland (und beim alten TLF 16/25) waren und sind Staffelkabinen üblich. Staffelkabinen beeinflussen aber deutlich die Gewichtsverteilung (geringe Achslast auf der Vorderachse und höhere Achslast auf der Hinterachse) und verlängern das Fahrzeug (dadurch wird die Wendigkeit stark beeinflusst). Sie ermöglichen aber das Mitführen einer Besatzung (auch mit Atemschutz in der Kabine) für die eigenständige Durchführung von Löschangriffen.

Taktisches Vorgehen im Verband mehrerer TLF-Einheiten im Sinne eines Zugverbandes mit definierten Vorgehensweisen zur aktiven Brandbekämpfung, zum defensiven Schutz einer Liegenschaft oder dem Eigenschutz in Notsituationen sind nur aus Frankreich, Spanien und Portugal bekannt. In Deutschland gibt es keine (wenn dann nur regional vereinzelt) taktische Vorstellungen, weder für den Angriff noch die Verteidigung. Ebenso besteht das Problem, dass aufgrund der Vielzahl an TLF-Varianten der Einsatzwert von Fahrzeugen zur Vegetationsbrandbekämpfung nur schwer einzuschätzen ist. Hier sollte taktisch zwischen Angriffs- und Zubringer-TLF unterschieden werden. Angriffs-TLF müssen geländegängig und kompakt sein und über Pump-and-Roll-Fähigkeiten verfügen. Alle anderen TLF sind eher als Zubringerfahrzeuge für den Pendelverkehr zu verwenden.

Vegetationsbrände können sich schnell entwickeln. Die Angriffs-TLF benötigen daher je nach Einsatzgebiet und der gewählten Taktik entsprechende technische Schutzmaßnahmen. Wesentliche Eigenschaften solcher Angriffsfahrzeuge zur Vegetationsbandbekämpfung sind:

- Das Fahrgestell sollte kompakt, wendig, robust und allradgetrieben ausgeführt sein mit größtmöglicher Traktion (mechanische Sperren möglichst in allen Achs- und Längsdifferentialen und mit Untersetzungsgetriebe).

7.2 Technik für TLF-W

- Die Fahrzeugpumpe und Abgabearmaturen müssen auch im (langsamen) Fahrbetrieb genutzt werden können. Dies wird als »Pump-and-Roll-Betrieb« (P&R) bezeichnet.
- Zur Wasserabgabe werden (kleine) Wasserwerfer oder von Hand bediente Strahlrohre eingesetzt, die z. T. von außenliegenden Bedienplätzen oder aus Dachöffnungen (z. B. Luken über dem Beifahrersitz) bedient werden können.
- Eine sinnvolle und recht preiswerte Variante ist die Verlegung eines C-Abgangs in den vorderen Bereich des Fahrzeugs, um dort bei P&R-Betrieb im Sichtbereich des Fahrers einen Abgang zu haben und so einfacher »vor« dem Fahrzeug oder aus dem Fenster des Beifahrers arbeiten zu können.
- Die Kabinenausführung sollte stabil sein bzw. sollten Schutzeinrichtungen der Kabine gegen Überschlag des Fahrzeugs bzw. umstürzende Bäume vorhanden sein (alternativ entsprechend stabiles Führerhaus!).
- Es sollten Schutzeinrichtungen für die Versorgungsleitungen (Luft, Elektrik, Kraftstoff) vorhanden sein.
- Ggf. sollte ein Eigenschutz durch Wassersprüheinrichtungen für Fahrgestell und Kabine vorgehalten sein.
- Die Bauausführung (Klappen statt Rollladen) und Lackierung (z. B. in Strukturlack oder Hammerschlaglackierung) sollten robust sein.

7 Fahrzeugtechnik der Feuerwehr

Sinnvoll ist auch, den Löschwassertank mit einem Warnsignal bei einem Resttankinhalt (z. B. 400 Liter) auszustatten. In Zeiten der elektronischen Tankinhaltsanzeigen ist dies kein großer Aufwand. Damit soll daran erinnert werden, dass der Tank im normalen Löscheinsatz nicht gänzlich leer gefahren wird und man in einer Notsituation noch handlungsfähig (Selbstschutz) bleibt.

In Gebieten mit besonderen Anforderungen aufgrund der vorhandenen Böden (z. B. nicht tragfähige Sandböden, Berghänge mit Querneigungen, Heide bzw. Torfmoore) kann es sinnvoll oder sogar notwendig sein, den Bodendruck über das Absenken des Reifenluftdrucks zu senken.

Bild 60: *Reifendruckregelanlagen (Bsp): Eine in der Achse integrierte Lösung (links), in der durch die Achsnabe die Luft nach Außen geführt wird u. von dort zum Reifenventil. Durch Verluste an den Dichtungen sind diese Anlagen wartungsaufwändig u. anfällig für Druckverluste. Die Version mit fest verlegten Schläuchen (rechts) ist eine einfache Lösung, aber anfällig bei Geländefahrt.*

7.2 Technik für TLF-W

Danach sollte man allerdings auch wieder in der Lage sein, den Luftdruck vor Straßenfahrten auf das nötige Niveau zu heben. Dafür benötigt man entweder Reifenfüllarmaturen (gut zugänglicher Anschluss an das Druckluftsystem des Fahrzeugs und ausreichend langer Schlauch mit Druckanzeigearmatur) oder eine Reifendruckregelanlage (serienmäßig lieferbar bei wenigen Fahrzeugtypen, teils mit hohen Umbaukosten verbunden).

Noch ein Wort zum Einsatz von Wasserwerfern bei Vegetationsbränden. Dies macht nur Sinn, wenn die Löschwasserversorgung (notfalls auch über doppelten Pendelverkehr) dafür ausreichend ist. Groß dimensionierte Werfer (über 2.000 l/min) sind für die Bekämpfung von Wald- und Flächenbränden wenig sinnvoll. Werfer mit angepasster Leistung können z. B. kurz zum Brechen schnell fortschreitender Feuerfronten von Flächenbränden oder zur Verhinderung des Aufbrennens einzelner großer Bäume (um in der Folge einen Feuerübersprung zum Vollbrand zu verhindern) genutzt werden. Dazu reichen aber erfahrungsgemäß Durchflussleistungen von 800 bis 1.000 l/min völlig aus. Um die Reichweite und Treffsicherheit zu erhöhen, sind außerdem Vollstrahlrohre den Hohlstrahlrohren vorzuziehen. Der Unterschied in der Wirkung ist z. B. auch beim Einsatz von B-Strahlrohren als MZ- oder HSR im Außeneinsatz (z. B. bei einem Hallenbrand) zu beobachten. Ansonsten sollte lieber mit mehreren kleineren, beweglichen Rohren gearbeitet werden. Versuche zeigen auch sehr deutlich, dass sich die Wurfweiten von D- und C-Hohlstrahlrohren nur unwesentlich unterscheiden. Entscheidend sind Beweglichkeit (vor allem bestimmt durch das Gewicht der Schläuche und die Anzahl der Kupplungen) und das wassersparende Arbeiten (Strahlrohrtyp und Art des Betätigungsorgans).

WLF mit AB-Tank ersetzen immer öfter TLF 4000 (TLF 24/50), obwohl im Einsatzwert ein erheblicher Unterschied besteht und die Fahrzeuge aufgrund der technischen Rahmenbedingungen (deutlich höhere Gesamtmasse und Höhe des Schwerpunktes durch zusätzliche Rahmenkonstruktion, fehlende Geländefähigkeit aufgrund oft dreiachsiger Fahrzeuge) im Gelände große Probleme haben. Allrad-WLF sind eher als Nachschubfahrzeuge geeignet, nicht jedoch als Ersatz für geländegängige Fahrzeuge wie TLF-W oder SW.

Seit Januar 2020 gibt es eine Fachempfehlung des Fachausschuss Technik des Deutschen Feuerwehr Verbandes, Nr. 1 Pflichtenheft für Waldbrand-Tanklöschfahrzeuge (TLF-W). Nachfolgend werden die wichtigsten Anforderungen beschrieben:

7.2 Technik für TLF-W

Tabelle 1:

Anforderungen TLF-W			
Allgemein	Fahrgestell/Reifen	Kabine/Besatzung	Löschwasser(-versorgung)
- Massenklasse M (7,5 bis 16 t Gesamtmasse) nach DIN EN 1846 - Kategorie 3 (geländegängig) nach DIN EN 1846 - Übersetzungsgetriebe - Differenzialsperre längs im Verteilergetriebe und quer in beiden Achsen - Mindestens automatisches Schaltgetriebe - Maximale Länge 6.800 mm - Maximale Breite 2.550 mm - Maximale Höhe 3.300 mm - Wattiefe mindestens 1.200 mm - Nato-Steckdose für Fremd-Strom-Einspei-	- Handelsübliches Fahrgestell mit Allradantrieb - Spurgleiche Einzelbereifung - Reifen mit Notlaufeigenschaften - Reifendruckregelanlage - Thermischer und mechanischer Schutz wichtiger Fahrgestellkomponenten - Schleppvorrichtung und je zwei Schäkel ähnlich Form C nach DIN 82101 vorne und hinten	- Serienmäßige Doppelkabine mit vier Türen und Fenstern zum Öffnen - Kabine geprüft nach ECE-R 29/3 - Besatzung 1/3 (Fahrer, Fahrzeugführer und zwei Feuerwehrangehörige) - Fahrerraum aus nur schwer entflammbaren oder nicht brennbaren Materialien - Astabweiser für vordere Seite des Fahrerraumes und oberen Teil der Kabine (dieser darf mit einem Überrollkäfig und der Selbstschutzeinrichtung kombiniert werden) - Atemluftversorgungssystem in der Doppelkabine für fünf Personen mit 30 l/min/Person für zehn Minuten - Klimaanlage	- Löschwasserbehälter mindestens 3.000 Liter - Feuerlöschkreiselpumpe FPN 10-1000 mit Abgängen zum Wasserwerfer und zur Einrichtung zur schnellen Wasserabgabe sowie zu den zwei B-Druckabgängen am Fahrzeugheck - Einrichtung zur schnellen Wasserabgabe am Heck rechts mit zwei Druckschläuchen D25-15K und Hohlstrahlrohr - Fest montierter, manuell zu bedienender Wasserwerfer auf dem Dach mit einem Volumenstrom von 400 l/min bis 1.000 l/min - Zwei an der Werferleitung auf dem Dach ständig

Tabelle 1: – *Fortsetzung*

Anforderungen TLF-W			
Allgemein	Fahrgestell/Reifen	Kabine/Besatzung	Löschwasser(-versorgung)
sung sowie 230 Volt-Ladestromversorgung - Schutzgitter für Scheinwerfer, Fahrtrichtungsanzeiger und Heckleuchten - LED-Umfeldbeleuchtung, Ausleuchtung auch zwischen der Achsen während der verhaltenen Fahrt - Zwei nach vorne gerichtete Arbeitsscheinwerfer mit jeweils mindestens 7.000 Lumen auf dem Fahrerhausdach - Beleuchtung der begehbaren Dachfläche von zwei gegenüberliegenden Seiten - Flaggenhalter für Kolonnenfahrt		- Dachluke über den beiden hinteren Plätzen mit Sicherungsmöglichkeit durch einen Feuerwehr-Haltegurt	angeschlossene formstabile Schläuche mit C-Hohlstrahlrohren zur Bedienung durch die Dachluken, einsatzfertige Lagerung auf dem Dach - Druckzumischanlage DZA 1600/0,1, die mindestens Werfer, die Einrichtung zur schnellen Wasserabgabe und einen B-Druckabgang versorgt - Schaummitteltank mit mindestens 60 Liter Fassungsvermögen für Netzmittelzumischung - Fest eingebaute Schaummittelpumpe zum Befüllen des Schaummitteltanks - Anlage für den thermischen Selbstschutz mit

7.2 Technik für TLF-W

Tabelle 1: – *Fortsetzung*

Anforderungen TLF-W			
Allgemein	Fahrgestell/Reifen	Kabine/Besatzung	Löschwasser(-versorgung)
■ Hinterlegung der vier Türgriffe der Doppelkabine in Weiß ■ Anbringung des Funkrufnamens und des Kennzeichens auf dem Dach in Kontrastfarbe und reflektierend ■ Vom Fahrzeugmotor angetriebene Selbstbergewinde mit einer nutzbaren Seillänge von mindestens 30 Meter			eigener Pumpe und Wasservorrat

7 Fahrzeugtechnik der Feuerwehr

Feuerwehrtechnische Beladung bestehend aus:
- fünf (5) Kombinationsfilter ABEK2P3 mit Atemanschluss
- sechzehn (16) FFP3 Halbmasken
- acht (8) Schutzbrillen
- ein (1) Feuerlöscher PG6
- zwei (2) Feuerpatschen
- ein (1) Druckschlauch B75-5-K
- vier (4) Druckschläuche C42-15-K
- sechs (6) Druckschläuche D25-15-K
- zwei (2) D-Hohlstrahlrohre
- ein (1) Verteiler (Typ nicht genannt!)
- Übergangsstücke
- ein (1) Kupplungsschlüssel ABC
- ein (1) Notfallrucksack
- vier (4) explosionsgeschützte Einsatzleuchten
- vier (4) Handfunkgeräte
- ein (1) Abschleppseil aus Draht
- zwei (2) Schäkel
- eine (1) Wärmebildkamera
- zwei (2) Wiedehopfhacken
- zwei (2) Klappspaten
- eine (1) Stechschaufel
- ein (1) Spaten
- eine (1) Bügelsäge
- eine (1) Axt B 2 SB-A
- ein (1) Werkzeugkasten mit Fahrgestell-, Pumpen- und individuellem Werkzeug

7.2 Technik für TLF-W

Es ist zu hoffen, dass alternative Systeme wie in den Normen, zugelassen werden. In diesem Zusammenhang sei der entsprechende Passus aus den Normen zitiert: »Alternativsysteme dürfen verwendet werden, sofern bei Verwendung von anderen als den zitierten Geräten und Einrichtungen unter Berücksichtigung der Schutzziele mindestens der angestrebte technische Einsatzwert, die Sicherheit und die Gebrauchstauglichkeit sichergestellt ist.«

Nicht alle genannten Anforderungen, Techniken und Werkzeuge sind sinnvoll und/oder finden bei den Fahrzeugen, die als Grundlage der Fachempfehlung gedient haben, Verwendung. Sicher macht es Sinn, sich Gedanken zu machen auch deutsche Feuerwehren auf die Vegetationsbrandbekämpfung vorzubereiten. Ob es aber zielführend ist, spezielle Fahrzeugtechnik aus südeuropäischen Regionen einfach zu übernehmen, muss angezweifelt werden. Wie schon erwähnt, muss die Technik der Taktik folgen und diese ist für hiesige Verhältnisse noch gar nicht hinreichend definiert worden, denn die Vegetation, Topographie, Wasserversorgung, Brandbekämpfung aus der Luft, munitionsbelastete Flächen usw. weichen doch erheblich ab.

Grundlage für die Fachempfehlung waren offensichtlich die Fahrzeuge wie sie heute in Frankreich, Spanien oder Portugal eingesetzt werden. Diese waren übrigens die Grundlage für die GFFF-V Module der EU. Daher soll zum besseren Verständnis das taktische Konzept in diesen Ländern kurz (in nachfolgender Bildreihe) dargestellt werden und Vorschläge zur sinnvollen Umsetzung für deutsche Verhältnisse gemacht werden.

7 Fahrzeugtechnik der Feuerwehr

Bild 61: *Waldbrand-Löschzug einer Französischen Einheit bestehend aus einem geländegängigen Führungsfahrzeug und vier TLF-W mit je vier Mann Besatzung (dies stellt auch die Grundlage der EU-Module GFFF-V dar). Teils wird anstelle eines TLF-W ein G-TLF mit acht bis 12.000 l Wasser mitgeführt.*

Bild 62: *Dieselbe Einheit bei der Demonstration einer aktiven Brandbekämpfung in Linie*

7.2 Technik für TLF-W

Bild 63: *Hier wird die defensive Methode zum Schutz einer Liegenschaft demonstriert.*

Bild 64: *Im Notfall wird eine »Wagenburg« gebildet und das Führungsfahrzeug in die Mitte genommen. Die Besatzung dieses Fahrzeugs steigt dabei in die TLF-W um. Hier ist aus diesem Grund jeweils für eine Person mehr als die Regelbesatzung eine Atemschutzmaske vorhanden.*

7 Fahrzeugtechnik der Feuerwehr

7.3 Anforderungen an Führungs- und Erkundungsfahrzeuge

Führungskräfte müssen bei einem Waldbrand den vor Ort eingesetzten Einheiten folgen und diese anführen können. Im betroffenen Bereich eingesetzte Erkundungsfahrzeuge (z. B. KdoW oder ELW) einer Einsatz- bzw. Abschnittsleitung müssen grundsätzlich mindestens geländefähig, besser geländegängig sein.

Größere Vegetationsbrände benötigen eine stabsmäßige Führung durch eine Einsatzleitung vor Ort aus einem größeren ELW 2. Diese Fahrzeuge brauchen im Normalfall keinen Allradantrieb, weil sie abgesetzt auf befestigten und ausreichend großen Plätzen aufgebaut werden. Es gibt aber Gebiete, die so ausgedehnt und nicht mit befestigten Straßen erschlossen sind, dass sich Länder oder Kommunen dazu entschlossen haben, auch für ELW 2 geländefähige oder gar geländegängige Fahrgestelle zu verwenden. Eine kostengünstigere Alternative ist ein Abrollbehälter (Einsatzleitung, Führung etc.) auf einem allradgetriebenen WLF. Dies setzt aber voraus, dass es neben der nötigen Abstütztechnik auch ausreichend viel Unterbaumaterial für die Verwendung auf nicht befestigten Flächen mitführt.

Hinweis: Führungsfahrzeuge zur Lageerkundung, die alleine unterwegs sind, sollten, zumindest für den Zeitraum dieser Aufgabe, zusätzlich

- eine Motorsäge mit Zubehör (falls ein Waldweg durch einen umgestürzten Baum die Fahrt behindert),

7.3 Führungs- und Erkundungsfahrzeuge

- einen gefüllten Löschrucksack oder ausreichend großen Feuerlöscher und
- ein Atemschutzgerät mit Maske (zum Eigenschutz) sowie
- ein Megaphon (zum Rufen und Warnen von z. B. Fußgängern und Waldarbeitern) mitführen.

Zur Erkundung bei großflächigen Vegetationsbränden bieten sich bewegliche kleine Fahrzeuge, wie z. B. Kräder oder Quads an. Allerdings ist dabei zu beachten, dass das Funken während der Fahrt (abseits befestigter Wege) selbst mit Freisprecheinrichtung im Helm praktisch unmöglich ist und damit für den Fahrer zu gefährlich. Diese kleinen und wendigen Fahrzeuge können aber beim Ausfall von Fernmeldeverbindungen gut für ganz klassische Melderaufgaben und sogar Rettungsaktionen (einzelne Waldarbeiter) eingesetzt werden. Video- und Bildaufnahmen von der Situation vor Ort können entscheidend zur schnellen und richtigen Beurteilung einer Lage beitragen und sind gleichzeitig eine gute Dokumentation. Bei allen Fahrzeugen mit einzelnen Fahrern (z. B. Fahrräder, Kräder, Quads) sind zuverlässige Ortskenntnisse oder eine eindeutige Wegbeschilderung wichtig.

Mountain Bikes mit E-Antrieb haben den Vorteil, dass sie auch mal über einen umgestürzten Baum gehoben werden können oder eine Abkürzung durch den Hochwald genommen werden kann, um einen größeren Umweg zu vermeiden. Es sollten aber nur gut trainierte und ortkundige Kräfte dafür eingesetzt werden. Ein ständiger Funkkontakt und ein »find me-System« sollten zur Sicherheit vorhanden sein.

7 Fahrzeugtechnik der Feuerwehr

7.4 Anforderungen an Logistik- und Nachschubfahrzeuge

Nachschubfahrzeuge müssen die Einsatzkräfte an den Versorgungspunkten bzw. auch im Einsatzgebiet erreichen können, wenn die Einsatzkräfte nicht mit ihren Fahrzeugen zu Versorgungspunkten fahren können. Daher benötigen auch Logistik- und Versorgungsfahrzeuge unbedingt Allradantrieb und entsprechende Ladungssicherungsmittel, um auch im

Bild 65: *Allradangetriebene SW bzw. GW-L2 oder MzKW des THW mit Singlebereifung und Differentialsperren sind sehr gut geeignet, um im Gelände zu fahren.*

Gelände einen sicheren Transport durchführen zu können. Die Benutzung von Ladebordwänden mit Roll- oder Paletten-Hubwagen ist allerdings im Gelände an Steigungen bzw. Neigungen schwierig und oft nur eingeschränkt möglich.

Geländegängige oder wenigstens -fähige MTF ermöglichen es, die Löschfahrzeuge in Betrieb vor Ort zu lassen und das Personal beim Wechsel direkt vor Ort auszutauschen. Damit erfolgt keine Einsatzunterbrechung und es ist weniger aufwendig. Bei entsprechender Ausrüstung mit Ladungssicherungsmöglichkeiten (z. B. Zurrmöglichkeiten, Trenngitter oder Trennwand) eignen sich diese Fahrzeuge auch noch zum Transport von Verpflegung oder geringerer Mengen Kraftstoff in geeigneten, dicht schließenden Kanistern (z. B. BW-Einheitskanister 20 l).

Zur Logistik gehört in diesem Fall auch der Eigenschutz der Einsatzkräfte. Für den Einsatz bei größeren Vegetationsbränden sollten Rettungsdienstfahrzeuge zum Eigenschutz zur Verfügung stehen, die die Einsatzkräfte möglichst auch erreichen können.

7.5 Fahrzeuge für besondere Anwendungen

In Gebieten mit hoher Waldbrandgefahr und besonderen Gefahren durch Munitionsresten (aus Kriegen oder von ehemaligen bzw. immer noch aktiven Truppenübungsplätzen) kann der Einsatz von splittergeschützten Lösch- bzw. Unterstützungsfahrzeugen auf Basis von ehemaligen Panzerfahr-

7 Fahrzeugtechnik der Feuerwehr

Bild 66: *Hier ein Fahrzeug der Fa. Airmatic auf Basis des Marders mit Räumschild, das damit auch eingeschränkt zum Räumen von Schneisen eingesetzt werden kann. Das Fahrzeug ist 6,9 m lang x 3,38 m breit und 3,25 m hoch und hat eine zulässige Gesamtmasse von ca. 35 t. der Löschmitteltank fasst 7.500 l.*

zeugen sinnvoll sein, weil eine Bekämpfung vom Boden aus zu gefährlich ist und eine reine Waldbrandbekämpfung aus der Luft nicht ausreichend wäre. Allerdings stoßen auch Löschpanzer an ihre technischen und taktischen Grenzen und die Unterhaltskosten (Kraftstoffverbrauch, Werkstattkosten) und erforderliche Logistik (Sondertransport in Überbreite mit Tief-

7.5 Fahrzeuge für besondere Anwendungen

lader, eigene Fahrausbildung) darf dabei auch nicht außer Acht gelassen werden.

Für extreme Bereiche oder Sonderanwendungen gibt es auch bei Feuerwehren Kettenfahrzeuge mit verschiedenen Aufsätzen zum Personal- und Materialtransport oder mit Löschmittel und Pumpe. Oft werden dafür Fahrgestelle von Pistenraupen benutzt, die mit verschiedenen Aufbauten bzw. Aufsätzen versehen werden.

Bild 67: *Aufbau (Magirus) auf einem Dumper-Kettenfahrgestell von Kässbohrer mit einer Wasssernebelturbine; hier: FireBull (rechts) und eine Air Core Turbine auf Kettenfahrgestell (links), das allerdings nur stationär betrieben werden kann.*

7.6 Konzepte für Aufbauten und Kabinen

Nicht jede Kommune oder Feuerwehr kann und muss sich ein spezielles Fahrzeug zur Waldbrandbekämpfung anschaffen, insbesondere, wenn die Wahrscheinlichkeit zum Einsatz gering ist. Es gibt aber Möglichkeiten bzw. Konzepte, Fahrzeuge für verschiedene Einsatzszenarien auszustatten.

Ein mögliches Konzept wurde in der BRANDSchutz, 6/2018, Neues Fahrzeugkonzept für Waldbrand und Extremwetterlagen unter dem Arbeitsbegriff »WISEL« (Akronym für »Wildfire Intervention and Special Emergency Logistics«) vorgestellt. Als Grundidee soll das Fahrzeug ohne große Umbauten die beiden Aufgaben Tanklöschfahrzeug zur Waldbrandbekämpfung und Logistikfahrzeug mit der Grundfunktion eines GW-L2 in schwierigem Gelände ausführen können. Die Idee bei diesem Konzept ist, das Fahrzeug nicht nur konsequent für den Einsatz als Waldbrandfahrzeug, in einer sehr begrenzten Periode über das Jahr gerechnet einsetzen zu können, sondern auch als vollwertiges Logistikfahrzeug in Einsatzszenarien, die zunehmend durch den Klimawandel bedingt zu erwarten sind. Dafür muss es möglich sein, z. B. mithilfe eines Krans, Gitterboxen, Rollcontainer usw. schnell und einfach auch in unwegsamem Gelände abzuladen und wiederaufzunehmen, was mit einer üblichen Ladebordwand allein oft nicht möglich ist. Dank der Möglichkeit, Anbaugeräte wie Seilwinde, Kehrmaschine oder Pflug zu betreiben, könnten mit diesem Fahrzeug darüber hinaus vielseitige Aufgaben im Rahmen der Katastrophenhilfe erledigt werden.

7.6 Konzepte für Aufbauten und Kabinen

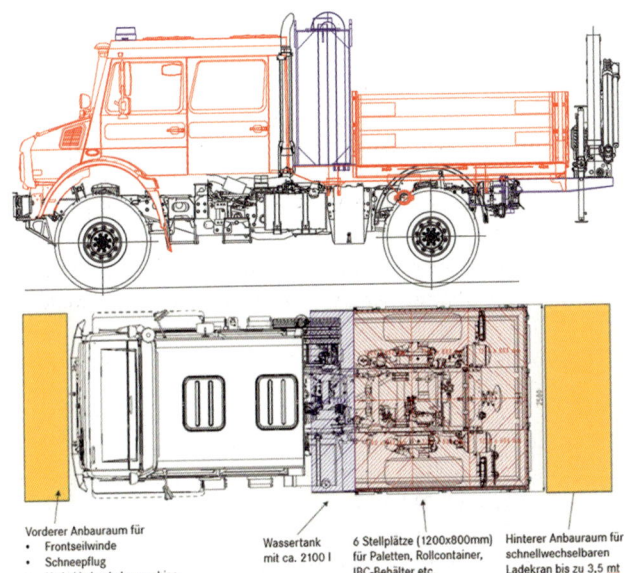

Vorderer Anbauraum für
- Frontseilwinde
- Schneepflug
- Hydr. Vorbaukehrmaschine

Wassertank mit ca. 2100 l

6 Stellplätze (1200x800mm) für Paletten, Rollcontainer, IBC-Behälter etc.

Hinterer Anbauraum für schnellwechselbaren Ladekran bis zu 3,5 mt

Bild 68: *Schematische Darstellung des Fahrzeugkonzeptes WISEL auf der Basis eines Unimog 5023 Doppelkabine mit den Anbauräumen Vorne (z.B. Winde, Pflug) und Hinten (z.B. Sattelkran, Streueinrichtung) sowie dem Aufbaukonzept als Basistank (an der Kabinenrückwand) mit Erweiterungsmöglichkeit (z.B. durch IBC-Behälter) auf der Pritsche (mit sechs Stellplätzen für Gitterboxen, Paletten oder Rollcontainer). (Grafik: Daimler Truck AG)*

7 Fahrzeugtechnik der Feuerwehr

Alternativ wäre die Umnutzung von alten (Lösch-) Fahrzeugen des Katastrophenschutzes denkbar. Die Fahrgestelle werden von Fachfirmen umgebaut und grundlegend renoviert, um sie als Expeditionsfahrzeuge vorzubereiten. Fahrgestelle wie die LF 16 TS II oder GKW des THW auf Basis der robusten, luftgekühlten Iveco 90-16 oder 120-19, Steyr 12M18 des Österreichischen Bundesheeres oder Steward & Stevenson der US-Army eignen sich dazu hervorragend. Gerade letztere bieten mit 4x4 Singlebereifung, Wandler-Vollautomatik, Rahmenwinde mit Zug nach vorne und hinten, langer Kabine, Stahl-Kraftstoffbehälter, Stahlstoßstange, Reifendruckregelanlage und einigen anderen Vorteilen eine gute Basis für ein TLF-W. Die Kabinen können modifiziert werden, um einen Heckeinstieg zu ermöglichen. Die Zulassung nach alter Euro-Abgasnorm ist bei der Wiederzulassung als »Sonderfahrzeug Feuerwehr« kein Problem und für diese Anwendung sehr von Vorteil. In Kombination mit einem Aufbau in nachfolgend (Bild 69) beschriebener Ausführung stellt dies ein sehr konsequentes und im Verhältnis preiswertes Fahrzeug dar, dass ebenfalls mehrfach genutzt werden kann und trotz des Alters des Fahrgestells sicher noch lange Zeit im Einsatzdienst stehen könnte. Die Aufbaugestaltung würde es zulassen, dass zwei Angehörige der Feuerwehr auf dem Podest hinter der Kabine die Tragkraftspritze und zwei Strahlrohre im Pump-and-Roll-Betrieb bedienen können. Das Fahrzeug könnte aber auch als Tankfahrzeug im Pendelverkehr eingesetzt werden, indem das am Heck angebrachte Ablassventil es sogar zulässt nach hinten, links und rechts vom Fahrzeug den Behälter zu befüllen. Die Deckel der Riffelblechkästen klappen innerhalb der Fahrzeugkontur auf und ermöglichen so auch die Entnahme

7.6 Konzepte für Aufbauten und Kabinen

von Ausrüstung in beengten Fahrwegen. Auf den Deckeln kann zusätzliche Ausrüstung in Kisten aufgenommen werden bzw. auf kurzen Strecken können sogar Personen (z. B. in Hochwasserlagen oder Evakuierung aus dem Wald) bei aufgeklappten Geländern mitfahren. Ein Befüllen des Tanks wäre auch von oben z. B. durch Hochbehälter oder Außenlastbehälter möglich.

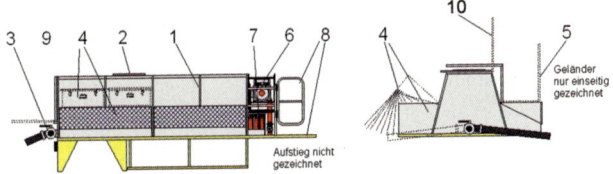

Bild 69: *Konzeptionelle Darstellung des Aufbaus:*
1. *Tank aus Edelstahl, Rahmenbauweise, Trapezförmig unten ca. 1.400 cm breit oben ca. 1.000 cm, breit, ca. 1.000 cm hoch. (Profile 40 x 40 cm und Bleche mit Sicken)*
2. *Großes Mannloch auf dem Tankdach, auch zum Füllen über Hochbehälter*
3. *Dumpvalve am Heck mit Auslassrohr nach hinten links/rechts (eventuell drehbar oder mit Rohrbogen zu kuppeln)*
4. *Gerätekästen links und rechts zur Aufnahme der Lagerungskästen und Ausrüstung (als klappbarer Deckel ausgeführt) aus Riffelblech, begehbar und zur Lagerung von Kisten im logistischen Maß von*

600 x 400 cm und 800 x 400 cm, Packtaschen oder Faltbecken, Beleuchtung durch LED-Band
5 *Klappgeländer, Bügel (und eventuell Plane) ergeben mit Sitzgelegenheiten auf Tank eine schnelle Evakuierung von Personen*
6 *Aufnahme und Anschluss der Motorpumpe zwischen Einzelkabine und Tank*
7 *Schlauchfächer quer für (in Buchten gelegte) Schläuche, auf den Schlauchfächern links und rechts Klappsitze*
8 *Podest mit ergonomischen Aufstieg zur Bedienung der TS, Arbeiten bei Pump-and-Roll (ohne Gefährdung), Transport einer Krankentrage und Einstieg von hinten in die Kabine, seitliche schwenkbare Geländer (öffnen nur nach innen) als Absturzsicherung*
9 *Klappbügel oder -geländer am Heck für Gepäck und/ oder Aufnahme von Reserverad (JoJo, kein Kran) usw. für Überführungsfahrten*
10 *Bügel für Planüberwurf*

Die Kabine ist hier nicht dargestellt.

8 Sonderfahrzeuge und -techniken

8.1 Kettenfahrzeuge

Nicht erst seit den ausgedehnten Bränden auf dem Übungsgelände der Bundeswehr in Meppen wird der Einsatz von Kettenfahrzeugen diskutiert. Im hochalpinen Bereich gibt es auf der Basis von Pistenraupen Fahrzeuge zum Schutz von Hochalmen und Gebirgsdörfern. Für den speziellen Einsatz auf munitionsbelasteten Flächen oder Moorgebieten hat Magirus 2020 den FireBull auf der Basis eines Kettendumpers der Firma Kässbohrer vorgestellt. Ebenso wurde auf dem Wipfelfeuer 2019 in Ludwigslust bereits auf einem ähnlichen Prinoth-Laufwerk ein Konzept der Firma ATC vorgestellt. Egal ob mit Löschlanzen an Auslegern zur Erdfeuerbekämpfung, ob Werfer, handgeführte Rohre oder Wassernebelgebläse (z. B. AirCore) zum Ausbringen von Löschgelen und/oder Einnässen von Baumflächen, die Fahrzeuge benötigen ebenfalls eine Logistik mittels Tieflader. Zudem sind sie aufgrund ihrer Geschwindigkeit (meist nicht mehr als 10 bis 15 km/h) nur begrenzt beweglich, sodass die Gefahr besteht, von schnell laufenden Bodenfeuern unter- oder überlaufen zu werden. Trotzdem haben sie gegenüber Radfahrzeugen in manchen Szenarien Vorteile in der Geländegängigkeit und dem Transportvolumen für Löschmittel. Die einfache Steuerung (moderne Fahrzeuge werden elektrohydraulisch gesteuert) eröffnet zudem die Möglichkeit, solche Fahrzeuge aus der Ferne über

8 Sonderfahrzeuge und -techniken

Funk zu bedienen. In kritischen Lagen könnte dies über einen schwebenden Hubschrauber oder eine Drohne erfolgen und den/die Bediener keiner unnötigen Gefahr aussetzen.

Bild 70: *Ein modifizierter Kettenpanzer der US-Army auf dem Truppenübungsplatz Grafenwöhr zur Brandbekämpfung von Erdfeuern auf den Schießbahnen*

Die schwedischen Hägglunds verfügen über ein Doppelkettenfahrwerk. In der Kabine finden sechs Personen Platz und auf dem hinteren Laufwerk ist entweder eine Kabine oder eine Pritsche aufgebaut. Das Fahrzeug ist sogar schwimmfähig und hat sich in waldreichen Gebieten oder in Küstenregionen sehr bewährt. Da das Fahrzeug auch eine Straßenzulassung hat und mit rund 60 km/h ausreichend schnell fahren kann, benötigt es keine weitere Logistik.

8.2 Panzer der Bundeswehr

Bei der Bundeswehr gibt es nicht nur Kampfpanzer mit Bewaffnung, sondern auch Bergepanzer oder Minenräumpanzer, die sich zum Anlegen von Wundstreifen oder Schneisen oder auch zum Bergen von festgefahrenen Einsatzfahrzeugen eignen. Der logistische Aufwand (Transport an die Einsatzstelle, Kraftstoffversorgung usw.), um Panzer der Bundeswehr in den Einsatz zu bringen, ist allerdings nicht unerheblich und muss gut geplant werden. Grundsätzlich sind Anforderungen an die Bundeswehr durch den Hauptverwaltungsbeamten/Leiter der Behörde (z. B. Gemeindedirektor, Bürgermeister, Landrat) an den jeweiligen Ansprechpartner der zuständigen militärischen Ebene zu richten. Anforderungen und Hilfeersuchen auf der Kreisebene (kreisfreie Städte und Landkreise) erfolgen in den Ländern gegebenenfalls über unterschiedliche Wege. Die den Kreisen und kreisfreien Städten im Rahmen des Krisenmanagements zugeordneten Kreisverbindungskommandos nehmen dann eine Verbindung- und Beratungsfunktion wahr. Sie sind nicht unmittelbare Adresse eines Hilfeersuchens. Sie können aber die notwendigen Kontakte herstellen und durchaus zur Beschleunigung des Verwaltungsvorganges beitragen.

Aus taktischer Sicht ist zu beachten, dass Panzer viel Platz auf Straßen und Wegen benötigen, weil sie z. B. Überbreite haben. In der Kurvenfahrt schwenken sie im Heck aus und beim Drehen auf der Stelle kann es zur Beschädigung des Asphalts kommen oder auf einem intakten Waldweg der Untergrund so aufgerissen werden, dass normale Radfahrzeuge diesen nicht mehr passieren können. Ebenso problematisch ist das Gewicht des Panzers (40 bis 50 t), das nicht geeignet ist, kleine Brücken zu passieren. Das Befahren aller Untergründe oder Hindernisse ist ebenfalls nicht möglich. Umgelegte Bäume mit großen Wurzelstöcken wirken beim Überfahren mit Kettenfahrzeugen und geschlossenen Bodenwannen ähnlich wie »Panzersperren« auf denen sich die Panzer dann festfahren.

8.3 Nutzbare Forstmaschinen (Harvester, Rücketraktoren, Bodenfräsen)

Traktoren, Pflüge, Bodenfräsen, Harvester (Holzvollernter), Bagger und Radlader können bei Einsätzen eine sinnvolle und effektive Hilfe sein. Die Einschätzung einer definierten Strecken- oder Flächenleistung hängt von vielen, meist regional bedingten Faktoren ab. Die Erfahrung (z. B. auch bei dem ausgedehnten Waldbrand in Sala/Schweden 2014) zeigt: Es dauert immer länger als erwartet! Daher ist grundsätzlich auf ausreichend großen Abstand zu achten, damit die Arbeiter und Einsatzkräfte nicht vom Feuer überrollt werden.

In den USA gibt es für die Einsatzleitung Tabellen über die Leistungsmöglichkeiten (»productionrates per hour«) für Handcrews, Raupen (»Dozer«) verschiedener Typen, Grader

8.3 Nutzbare Forstmaschinen

usw. Eine pauschale Übernahme ist aber nicht möglich (erst gar nicht versuchen!), da es in Deutschland hierzu derzeit keine vergleichbare Ausbildung für die Handcrews (Ausnahme: @fire) oder Maschinisten von Bau- oder Forstmaschinen gibt. Es wird empfohlen, im Rahmen von Übungen entsprechende Übersichten selbst zu erstellen, um im Einsatzfall nicht unrealistischen Zielen nachzulaufen.

Bild 71: *Forstmaschine im Einsatz zum Erstellen einer Schneise (Erweiterung entlang einer Straße) in Schweden*

8 Sonderfahrzeuge und -techniken

Hinweis:

Beim Anlegen einer Schneise muss auch der Bodenbewuchs vollständig entfernt oder ausgebrannt werden und der Abstand zur nächsten Vegetation muss ausreichend bemessen sein, sodass umstürzende Bäume keine Gefahr darstellen und Funkenflug oder Sprungfeuer durch vorgehaltene Einsatzkräfte sicher beherrscht werden können.

Die Bedienung der spezialisierten Maschinen erfordert besondere Kenntnisse und Erfahrungen. Dies sollte daher von entsprechend geschultem Personal übernommen werden. Dieses Personal hat aber meist keine Feuerwehrausbildung oder Kommunikationsmittel. Falls erforderlich, sind daher Feuerwehrangehörige zur Begleitung, zum Eigenschutz (auch mit Löschgeräten) bzw. Kommunikation abzustellen.

Für den Materialtransport im Gelände, für das Be- und Entladen von Logistikfahrzeugen und auch für den Behelfswegebau sowie natürlich auch zum relativ schnellen Anlegen von Wundstreifen bzw. Schneisen können neben Mulcher, Bergepanzer bzw. Kettenfahrzeuge mit Räumschildern auch Radlader, Teleskoplader oder Geländestapler variabel genutzt werden.

Zusätzlich können je nach Bodentyp gegebenenfalls Speziallöschgeräte auf den Sonderfahrzeugen sinnvoll mitgeführt werden. Diese gibt es z. B. in Form der Löschnägel (Fognail) schon länger auch für den Standardeinsatz in Gebäuden (z. B. für Zwischendecken oder größere Dehnfugen), als Löschlanzen für die Heuwehr oder auch für die Vegetationsbrandbekämpfung in torfigen oder weichen Böden. Je nach Löschlanzentyp bzw. den örtlichen Bodenverhältnissen ist das

8.3 Nutzbare Forstmaschinen

Eintreiben der Geräte schwierig bis unmöglich und setzt entsprechendes Werkzeug (Vorschlaghammer) oder maschinelle Unterstützung (Greifer, Baggerschaufel) voraus.

Bild 72: *Bodenfräsen sind eine große Hilfe, um schnell Wundstreifen oder Schneisen anlegen zu können. Es gibt sie in verschiedenen Größen. Eine sichere Bedienung und die Kraftstoffversorgung müssen dabei sichergestellt sein.*

8 Sonderfahrzeuge und -techniken

Bild 73: *Teleskopstapler sind heute bei vielen Feuerwehren und dem THW vorhanden. Wenn diese durch wechselbare Werkzeuge oder Greifschaufeln ausgestattet werden können, sind sie eine gute Ergänzung nicht nur für die Logistik im Gelände, sondern auch zum Wegräumen von gefällten Bäumen und Büschen.*

8.4 Nutzbare landwirtschaftliche Technik (Balkenmäher, Pflug, Grubber, Scheibenegge)

Traktoren mit Güllefässern können viele Gebiete erreichen, in denen normale Löschfahrzeuge (selbst mit Allradantrieb) nicht mehr fahren können. Die mitgeführten Wassermengen übertreffen auch bei weitem die üblichen Tankvolumen von Löschfahrzeugen. Die Behälter und Armaturen müssen aber vorher gründlich gespült werden, weil sonst die Pumpensiebe, Pumpen bzw. Strahlrohre der dann angeschlossenen Feuerwehrtechnik zusetzen können. Eine Übergabe mittels Faltbehälter ist daher meist sinnvoller. Hinweis: neue Traktoren haben, ähnlich moderner Lkw-Fahrgestelle viele Kunststoff- und Hydraulikleitungen verbaut, sodass sie ebenfalls empfindlich auf Hitze bzw. Flammen reagieren. Ein Überfahren von abgebrannten aber noch heißen Flächen sollte vermieden werden.

8.5 Bauhoffahrzeuge mit Tankaufsatz und Zapfwellenpumpe

Die Bauhöfe der Kommunen halten für ihre Aufgaben die unterschiedlichsten Fahrzeuge vor, die über die kommunale Verwaltung in die Alarmplanungen einbezogen werden könnten. Neben Radlader, Stapler, Bagger und anderen logistischen Systemen und Fahrzeugen gibt es vor allem Lkw, Unimog, Multifunktionsfahrzeuge, Traktoren aller Größen und Leis-

8 Sonderfahrzeuge und -techniken

tungsklassen bis hin zu speziellen Fahrzeugen zu Bodenbearbeitung und Straßenpflege.

Um in den heißen Sommermonaten die Grünanlagen und Blumenbeete der öffentlichen Flächen zu bewässern, werden häufig Aufsatztanks mit Zapfwellenpumpen eingesetzt. Diese Fahrzeuge lassen sich in bestimmten Einsatzsituationen hervorragend zur Brandbekämpfung bzw. für Nachlöscharbeiten verwenden, da sie aufgrund der verwendeten Pumpentechnik einen Pump-and-Roll-Betrieb zulassen, meist auch über All-

Bild 74: *Bauhoffahrzeuge sollten in die Planung einbezogen werden, denn die kompakte Technik meist mit Allradantrieb und Allradlenkung eignet sich speziell in schwer zugänglichen Bereichen sehr gut im Gelände.*

radantrieb (da sie im Winterdienst mit Räumschild und Streuaufsatz verwendet werden) und meist über ein großes Wasservolumen verfügen. Im Gegensatz zu Gülleanhänger der Landwirte werden diese Tanks in der Regel nur mit sauberen (Trink-) Wasser betrieben und sind somit kompatibel zur üblichen Feuerwehrtechnik bzw. müssen nicht extra gereinigt werden.

8.6 Radlader, Bagger, Dozer

Radlader und Bagger können eine wertvolle Hilfe beim Anlegen von Schneisen oder Beseitigen von Buschwerk und bei Nachlöscharbeiten durch Ausgraben von Wurzelstöcken oder Umlegen einzelner verbrannter Bäume sein, deren Umlegen durch Motorsäge zu gefährlich ist, da die Fallrichtung nicht mehr sicher bestimmt werden kann, wenn das Wurzelwerk durch das Feuer beschädigt ist.

Dozer, also kettengetriebene Räumgeräte mit Planierschild, haben sich besonders gut bewährt, da sie mit ihrer hohen Traktionsfähigkeit über längere Strecken viel Erdreich schieben können. Allerdings ist deren Transport, Logistik und Betrieb sehr zeitaufwändig und sie können sich, ähnlich wie Panzer beim Überfahren von verkeilten Baumstämmen oder Wurzelstöcken festfahren.

Eine besondere Bauform eines Baggers ist der sogenannte Schreitbagger. Wie der Name schon sagt, kann ein geübter Bediener mit diesem Gerät auch hohe Hindernisse »überschreiten« und mit der speziellen Abstützung kann auch in extremen Hanglagen gearbeitet werden. Das THW besitzt einige dieser Geräte, die auch teils fernbedient werden kön-

8 Sonderfahrzeuge und -techniken

nen. Mittels der vorhandenen Anbaugeräte können unterschiedliche Arbeiten ausgeführt werden. Unter anderem ist auch ein Greif und Schneidwerkzeug integriert, mit dem Bäume, ähnlich einem Vollernter, in einem Arbeitsgang geschnitten und umgelegt bzw. beseitigt werden können. In exponierten Hanglagen kann dies eine kräftesparende und sichere Alternative bei Nachlöscharbeiten darstellen.

Bild 75: *Die Schreitbagger des THW können mit unterschiedlichen Werkzeugen ausgestattet werden und eignen sich mit einem Schneid-Greif-Werkzeug zum Beseitigen von Bäumen in Hanglagen aufgrund der Möglichkeit der Funkfernbedienung (siehe Person rechts im Bild) besonders zum gefahrlosen Einsatz.*

8.7 All Terrain Vehicle, Quad, Pick-up

Auf Pick-up oder deren Fahrgestellen können entweder feste oder variable Aufbauten für verschiedene Anwendungen aufgebaut oder aufgesetzt werden. Beispiele dafür gibt es seit vielen Jahrzehnten v. a. in Südeuropa und im amerikanischen Raum. Mittlerweile findet man aber auch entsprechende Fahrzeuge in Deutschland. Ob als kompaktes Ersteinsatzfahrzeug, als Patrouillenfahrzeug, als Mannschafts- und Gerätetransporter, als Fahrzeug für die Wasserförderung über lange Wegstrecken (mit TSA), als behelfsmäßiger KTW oder als ELW. Pick-up sind robust, haben eine relativ gute Nutzlast, sind geländetauglich und sicher (Pkw-ähnlicher Fahrkomfort) zu fahren und im Verhältnis sehr kostengünstig.

Schwere Lasten müssen ggf. selbst abseits von noch mit geländegängigen Fahrzeugen befahrbaren Gebieten transportiert werden, weil Hubschrauber entweder zu teuer sind oder gar nicht zur Verfügung stehen bzw. aufgrund der herrschenden Wetterlage nicht fliegen können.

Neben Quads können auch selbstfahrende Geräteträger z. B. mit Kettenlaufwerken in schwer zugänglichen Bereichen als wertvolle Transporthilfe genutzt werden. Dabei sollte eine möglichst einfache und sichere Bedienung selbstverständlich sein.

8 Sonderfahrzeuge und -techniken

Bild 76: *Der Pick-up Aufbau OSIRAS von @fire eignet sich besonders für Mannschaftstransporte oder als Zwei-Tragen-Ambulanz (vgl. BRANDSchutz 8/2013 ab Seite 21).*

Bild 77: *ATV (All Terrain Vehicle) und Quad eignen sich besonders gut als Patrouillen- und Erkundungsfahrzeuge. Ausgestattet mit einer kleinen Löschanlage und Erste-Hilfe-Material können Hotspots und erste Versorgung von Verletzten schnell durchgeführt werden.*

8.8 Funkfernbediente Technik

Bild 78: *Iron Horse als Geräteträger zum Transport für z. B. TS und Schläuche in unwegsamem Gelände. Bedient wird das Kettenfahrzeug mit der beweglichen Deichsel (hier hochgeklappt in Transportstellung).*

8.8 Funkfernbediente Technik

In Einsatzlagen, die eine besondere Gefährdung für die Einsatzkräfte darstellen, sind fernbediente Systeme sicher sinnvoll. So kann z. B. eine »Löschkugel« oder ein Wasserwerfer auf einem funkfernbedienten Kettenfahrzeug einen erheblichen Beitrag zum Einsatzerfolg leisten. Man muss sich aber im Klaren sein, dass es sich bei Vegetationsbränden um dynamische Flächenlagen handelt und diese Systeme insbesondere bei objektbezogenen Schutzmaßnahmen greifen können. Diese Systeme eignen sich daher vor allem zum Schutz von

8 Sonderfahrzeuge und -techniken

Anlagen, Gebäuden oder einer Infrastruktur, die durch konventionelle Technik nicht mehr geschützt werden können.

Bild 79: *Ferngelenktes Kettenfahrzeug mit Wasserwerfer und Löschkugel gespeist aus einem abgesetzt stehenden Löschfahrzeug über einen B-Druckschlauch. Anstelle der Plattform mit der Löschanlage kann auch eine Plattform zum Transport eines Rollcontainers aufgenommen werden. (Foto: Firma Iconos)*

8.9 Technik bei munitionsbelasteten Flächen

Es muss zunächst den taktischen Vorgaben überlassen werden, ob munitionsbelastete Flächen überhaupt befahren werden müssen oder ob ein Ausbrennen einer solchen Fläche, eine Brandbekämpfung aus der Luft oder mittels fernbedienter Technik nicht wirtschaftlicher, sicherer und ökologisch vertretbar ist. Die Anforderungen an Fahrzeuge, die munitionsbelastete Flächen befahren können, sind extrem hoch und der technische und damit der Kostenaufwand (für den seltenen Fall!) erheblich.

Folgende Anforderungen an geschützte/gepanzerte Fahrzeuge können ganz allgemein festgelegt werden:

- Das Bedienen der in den Gefährdungsbereichen einzusetzenden Technik (Pumpe, Werfer, ggf. Penetrationslanze, -arm o. ä.) muss aus dem geschützten Bereich der Kabine uneingeschränkt möglich sein. Eine entsprechende Kameraunterstützung (auch Infrarot bzw. Wärmebild) ist daher notwendig.
- Ein Betrieb während der Fahrt ist erforderlich. Das heißt uneingeschränkter Pump-and-Roll-Betrieb und Bedienung der Technik (ferngesteuert) vom Fahrerplatz.
- Das nötige Schutzniveau der Panzerung sollte sich am oberen Durchschnitt der Gefahren in den betroffenen Flächen in Deutschland orientieren! Das bedeutet: Schutz gegen Infanteriewaffen(-beschuss). Die im zivilen Schutzbereich in höheren

8 Sonderfahrzeuge und -techniken

Schutzniveaus häufig anzutreffende VR 9 (Vehicle Resistance) erscheinen als **nicht ausreichend**, da in vielen Bereichen in unmittelbarer Nähe auch geräumter Wege nachweislich Flak- oder Panzersprenggranaten und Minen o. ä. liegen.
- Der Schutz gegen Spreng- und Explosivstoffe unterschiedlichen Kalibers und Größe sollte sich z. B. am Nato-Standard STANAG 4569 orientieren. Ausgeschlossen werden können dabei alle aktiv gegen das Fahrzeug verschossenen Munitionsarten aus Geschützen und auch alle am Fahrzeug angebrachten (Panzer-)Minen, weil in keinem Fall Munition auf das Fahrzeug verschossen oder direkt dort angebracht werden wird. Somit ist z. B. die Dachkonstruktion nicht gegen Luftangriffe besonders zu schützen.

Das bedeutet wahrscheinlich eine Einstufung im Level 2 oder 3 der STANAG 4569. Level 1 wird vermutlich nicht ausreichen, weil in dem Niveau so gut wie kein Schutz gegen Minen oder Explosionen nahe am Fahrzeug vorgesehen ist.

Für den Anwendungsfall »geschützte Einsatzfahrzeuge zur Brandbekämpfung« gelten dabei folgende Anforderungen, die sich natürlich von reinen militärischen, polizeilichen oder zivilen Verwendungen unterscheiden können:
- Schutz der Besatzung (geschützte Kabine).
- Schutz der Technik:
    - Das Fahrzeug muss möglichst lange fahrfähig bleiben, um eine Rettung der Personen aus der geschützten Kabine (z. B.

8.9 Technik bei munitionsbelasteten Flächen

aufgrund defekten oder beschädigten Fahrgestells) nicht durchführen zu müssen.
→ Die Rettung aus einem defekten bzw. beschädigten Fahrzeug, das in einer roten Zone liegen geblieben ist, erfordert vermutlich wieder ein entsprechend gepanzertes Fahrzeug.
- Die Rettung aus einem defekten bzw. beschädigten Fahrzeug erfordert praktisch das Verlassen geschützter Fahrzeuge, entweder um das Personal aus der Kabine zu holen und zu übernehmen (das bedeutet entsprechend viele zusätzliche Sitzplätze im Rettungsfahrzeug), oder um Bergungsmittel (Seile, Kranhaken etc.) am defekten/beschädigten Fahrzeug anzubringen.
→ Das erfordert entweder einen Bergepanzer oder mindestens geschützten Bergekran mit der Möglichkeit die Lastmittel »ferngesteuert« einhängen zu können.
- Schutz der ein- bzw. aufgebauten Technik. Die Auf- bzw. Einbauten können grundsätzlich über einen geringeren Schutz als das Fahrwerk bzw. die Besatzung verfügen, um z. B. Gewicht und Kosten zu sparen.
- Das Fahrzeug muss aber möglichst lange auch mit beschädigtem Aufbau fahrfähig bleiben, um ebenfalls die Rettung des Personals aus dem Fahrzeug zu vermeiden.

8 Sonderfahrzeuge und -techniken

- Die Bedienung muss möglichst einfach sein. Aufgrund der Ausbildungsproblematik sollte sie ähnlich konventionellen KFZ und Löschfahrzeugen und möglichst ohne eigenen Führerschein möglich sein.
- Die Abmessungen und Gewichte sollten möglichst innerhalb der StVZO-Grenzen liegen! (möglichst keine Ausnahmegenehmigungen).
- Der Transport sollte auf eigener Achse mit den Geschwindigkeiten normaler Lkw möglich sein, um auf Tieflader bzw. sogar Schwerlasttransporte verzichten zu können.

8.9 Technik bei munitionsbelasteten Flächen

Tabelle 2: *Übersicht der Schutzstufen nach STANAG 4569*

Level	Kinetische Energie (Kaliber)	Artillerie (HE = High Explosives)	Splitterschutz/Minenexplosion
1	7.62 x 51 mm NATO Ball (Ball M 80) aus 30 m mit 833 m/s 5.56 x 45 mm NATO Ball (SS 109) aus 30 m mit 910 m/s 5.56 x 45 mm NATO Ball (M 193) aus 30 m mit 930 m/s	155 mm HE aus 100 m Winkel: Seite 360° Höhe: 0–18°	Handgranaten, nicht explodierte Streumunition und andere kleine Sprengkörper (Antipersonenminen o. ä.) Explosion unter Fahrzeug
2	7.62 x 39 mm API BZ aus 30 m mit 695 m/s	155 mm HE aus 80 m Winkel: Seite 360° Höhe: 0–22°	Panzerabwehrminen mit 6 kg TNT 2 a – Aktivierung durch Überfahren unter einzelnem Rad oder 2 b – Minendetonation mittig unter Fahrzeug

8 Sonderfahrzeuge und -techniken

Tabelle 2: *Übersicht der Schutzstufen nach STANAG 4569 – Fortsetzung*

Level	Kinetische Energie (Kaliber)	Artillerie (HE = High Explosives)	Splitterschutz/Minenexplosion
3	7,62 × 51 mm M993 AP (WC Kern) aus 30 m mit 930 m/s 7,62 × 54 mm B32 API Dragunov Winkel: Seite 360° Höhe: 0–30°	155 mm HE aus 60 m Winkel: Seite 360° Höhe: 0–30°	Panzerabwehrminen mit 8 kg TNT 3a – Aktivierung durch Überfahren unter einzelnem Rad oder 3b – Minendetonation mittig unter Fahrzeug
4	14,5 × 114 mm AP/B32 aus 200 m mit 911 m/s Winkel: Seite 360° Höhe: 0°	155 mm HE aus 30 m	Panzerabwehrminen mit 10 kg TNT 4a – Aktivierung durch Überfahren unter einzelnem Rad oder 4b – Minendetonation mittig unter Fahrzeug

8.9 Technik bei munitionsbelasteten Flächen

Tabelle 2: Übersicht der Schutzstufen nach STANAG 4569 – Fortsetzung

Level	Kinetische Energie (Kaliber)	Artillerie (HE = High Explosives)	Splitterschutz/Minen-explosion
5	25 mm APDS-T (M791) oder TLB 073 aus 500 m mit 1258 m/s Winkel: frontal mittig: ±30° Seite Höhe: 0°	155 mm HE aus 25 m Winkel: Seite 360° Höhe: 0–90°	
6	30 mm APFSDS oder AP aus 500 m Winkel: frontal mittig: ±30° Seite Höhe: 0°	155 mm HE aus 10 m Winkel: Seite 360° Höhe: 0–90°	

8 Sonderfahrzeuge und -techniken

Bild 80: *Ferngelenktes Kettenfahrzeug mit Löscharm und Räumschild mit Greifwerkzeug zum Befahren von kritischen Flächen und zur Bekämpfung von Bränden. Im Hintergrund ist das teilgeschützte Fahrzeug auf Unimog-Basis als Kommandozentrale zu erkennen.*

Als praktikables Konzept könnte man sich vorstellen, dass ein fernbedientes (Ketten-)Fahrzeug mit Löschtechnik (Gelenkarm mit Löschlanze, Wasserwerfer, Sprühtechnik usw.) über einen formstabilen Schlauch auf Haspel von einem nachfolgenden Fahrzeug mit großem Tank und Pumpen versorgt wird. Die Steuerung erfolgt dabei über Funk und Kamerasystem auf dem Fahrzeug sowie drohnenüberwacht in ausreichender Entfernung.

9 Luftfahrzeuge

Luftfahrzeuge werden heute bei allen größeren Vegetationsbränden insbesondere in Südeuropa und Nordamerika eingesetzt. In Deutschland wurden Löschflugzeuge erstmals 1975 bei den verheerenden Waldbränden in Niedersachsen eingesetzt. Diese wurden damals aus Frankreich angefordert. Deutschland besitzt bis heute keine eigenen Löschflugzeuge, obwohl aus den Erfahrungen damals ein Konzept auf der Basis der Transall C-160 der Bundeswehr mit Förderung des Bundesministers für Forschung und Technologie (BMFT) entwickelt wurde. Es wurde sogar ein Prototyp eines Feuerlöschrüstsatzes in Form eines in den Laderaum eingeschobenen Spezialtanks (ca. 12.000 l) gebaut und Testflüge und aufwändige Untersuchungen im Windkanal vorgenommen. Das System wurde wohl ad hoc bei einem Einsatz in Italien eingesetzt, aber in Deutschland nie in Betrieb genommen. Vielmehr setzt man in Deutschland in einigen Bundesländern auf die Verwendung von Hubschraubern mit Außenlastbehälter. Insbesondere in den Bergregionen in Bayern und in dem waldbrandgefährdeten Brandenburg gibt es seit längerer Zeit Einheiten zur Brandbekämpfung aus der Luft, die regelmäßig üben und auch eingesetzt werden.

Besonders beim gleichzeitigen Einsatz mehrerer Maschinen ist eine Koordination sehr wichtig. Dazu wurde die Flughelferausbildung und -ausrüstung und die Aus- und Fortbildung der Führungskräfte an der Landesfeuerwehrschule Würzburg eingerichtet. An der Einsatzstelle wird eine taktische Aufteilung

9 Luftfahrzeuge

vorgenommen, die den Einsatz der Hubschrauber voll integriert und mit einer »Fliegerischen Einsatzleitung« praktisch einen eigenen Einsatzabschnitt darstellt. In Bayern alleine sind ca. 40 Außenlastbehälter (Behältergrößen zwischen 460 und 5.000 l) und mehrere Flughelfergruppen über den Freistaat bei Feuerwehren und der Polizei verteilt.

Einsatzunterstützung aus der Luft ist bei fast allen größeren Vegetationsbränden in der einen oder anderen Form unverzichtbar. Allgemein ist die Nutzung von Fluggeräten stark von der Wetterlage und der Verfügbarkeit – sowie in der Praxis leider auch von der Finanzierung abhängig.

Man kann Luftfahrzeuge, z. B. Drohnen, Flächenflugzeuge und Hubschrauber, nach ihrem taktischen Einsatzgebiet allgemein unterscheiden in:

- Fluggeräte zur Erkundung oder Beobachtung,
- Fluggeräte zum Löscheinsatz,
- Fluggeräte zum Material- und Personaltransport.

9.1 Flugzeuge

Auch in Deutschland werden kleine Flächenflieger, meist aus Privatbesitz, für Erkundungsflüge und zur Lagebeurteilung eingesetzt. So gibt es z. B. in Bayern und Niedersachen seit Jahrzehnten eigene Luftbeobachterstaffeln, die regelmäßig üben und bei bestimmten Waldbrandwarnstufen Erkundungsflüge durchführen.

Aus z. B. Frankreich und Italien sind Flugboote (so die offizielle Bezeichnung) bekannt, die auf dem Wasser landen und starten können. Diese sind so ausgestattet, dass sie bei

9.1 Flugzeuge

niedrigen Überflug auf dem Wasser von dessen Oberfläche mit Wasser befüllt werden und somit sehr schnell wieder einsatzbereit sind. Im englischen Sprachraum wird diese Form der Löschflugzeuge als »Scooper« (scoop = schöpfen) bezeichnet. Häufig verwendete Typen sind z. B. die Canadair CL 215 bzw. CL 415. In einer Untersuchung in den USA (durch das Homeland Security and Defense Center) wurden diese Fluggeräte als wirtschaftlichste und effektivste Variante im Vergleich zu Hubschraubern oder normalen Flächenflugzeugen für die direkte Waldbrandbekämpfung ermittelt. Wichtige Voraussetzung: Die topographischen Bedingungen setzen das Vorhandensein geeigneter Wasseraufnahmeflächen voraus! So war es z. B. in Schweden 2014 bei dem riesigen Waldbrand in der Region Västmanland bei Sala für die Flugstaffel aus vier Canadair CL 415 (3 x aus Frankreich und 1 x aus Italien – siehe auch Bericht in der BRANDSchutz 8/2017 Seite 37-43, Erfahrungsbericht zum größten Waldbrand in der Geschichte Schwedens) sehr gut möglich, in kurzer Zeit effektiv Hilfe zu leisten und große Mengen Löschmittel auszubringen. Aus einem nahegelegenen See (»scoope zone«) konnte in schneller Folge Wasser aufgenommen werden und durch die kurze Anflugzeit zum Absetzpunkt (»drop down zone«) wurden Flugzeiten von unter 2:30 Minuten gemessen. Bei diesem Einsatz wurden bei insgesamt 364 Flügen mehr als zwei Millionen Liter Wasser abgesetzt. Scooper sind bei gleicher Löschmittelmenge (ca. 5.000 bis 5.500 l) im Verhältnis zu großen Hubschraubern z. B. Sikorski CH 53 mit Außenlastbehälter (5.000 l) um den Faktor drei bis vier (!) günstiger in der Flugstunde, sie können aber keinen Punktabwurf vornehmen, wie dies mit einem Hubschrauber möglich ist.

9 Luftfahrzeuge

Mit Stand Juni 2020 gibt es eine Initiative in Brandenburg in der Niederlausitz bei Welzow auf einem aufgelassen Militärflugplatz ein EU-Katastrophenschutzzentrum unter anderem mit einer Löschflugzeugstaffel anzusiedeln. Als Argument für diesen Standort wird die Nähe zum Sedlitzer See angeführt. Ob diese Idee umsetzbar wird, zeigt die Zukunft. Fachleute zweifeln zumindest die Effizienz für den Einsatzraum über Brandenburg hinausgehend an, denn nicht alleine der Anflug in eine Region ist entscheidend, sondern eben dann die Betankungsmöglichkeit in diesem Einsatzgebiet (siehe Beispiel von Schweden 2014. Hier hat sich sogar der lange Anflug über mehrere Länder gelohnt, da vor Ort die Bedingungen dazu ideal waren). Ein weiterer Vorteil für Hubschrauber mit Außenlastbehälter, denn diese können notfalls aus kleinen Seen, größeren Schwimmbecken oder aufgestellten Faltbehältern das Löschwasser aufnehmen.

Auf der Welt gibt es noch weitere Standorte und Projekte für Löschflugzeuge z. B. in Russland, Kanada oder China, die spezielle Löschflugzeuge (Flugboote) vorhalten oder entwickeln, die auch beim Flug über Wasser betankt werden können. Die seit 1998 auf dem Markt befindliche russische Berijew Be-200 kann bei einer Startmasse von 43,0 t bis zu 12.000 l in nur 18 Sekunden in ihre acht Tankkammern aufnehmen. Die maximale Geschwindigkeit beträgt 750 km/h, die Gipfelhöhe wird mit 8.000 m und die Reichweite mit 2.100 km angegeben. Für den Betrieb sind lediglich zwei Besatzungsmitglieder erforderlich.

Die aktuellste Entwicklung auf dem Gebiet ist das chinesische Turboprop-Amphibienflugzeug AVIC AG600 des Herstellers China Aviation Industry General Aircraft (CAIGA), das

9.1 Flugzeuge

ebenfalls 12.000 l oder 50 Schiffbrüchige transportieren kann. Das Flugzeug soll für zivile und militärische Zwecke einsetzbar sein und für den Einsatz, bevorzugt im Südchinesischen Meer, wird eine Reichweite bis 4.500 km angegeben. Bisher (Stand Juni 2020) gibt es einen Prototyp.

Eines der imposantesten und bisher größten Flugboote zur Brandbekämpfung sind die Fluggeräte von Martin Mars. Die Martin JRM Mars war das größte jemals serienmäßig produzierte Flugboot. Das Präfix »JR« wurde von der US-Marine von 1935 bis 1955 für den Einsatz als »Utility Transport« verwendet. Die Mars wurde ab 1938 von der US-amerikanischen Glenn L. Martin Company für die US-Marine entwickelt. 1941/42 wurden vier militärisch genutzte Maschinen durch eine private Firma für die Flächenbrandbekämpfung umgebaut, wovon noch zwei im Einsatz sind am Sproat Lake (Süßwassersee auf Vancouver Island) in British Columbia, Kanada. Das Fluggerät kann bei etwa 130 km/h dicht über der Wasseroberfläche innerhalb von 25 Sekunden ca. 27.000 Liter Löschwasser aufnehmen und aus 50 Metern Höhe über einer Fläche von 1,6 Hektar abwerfen. Zum Betrieb werden vier Personen benötigt. Aufgrund des Alters der Ersatzteilsituation und den enormen Unterhaltskosten (eine Flugstunde erfordert mittlerweile ca. fünf Wartungsstunden, die vier Motoren eines jeden Fluggerätes werden alle zwei Wochen getauscht, um die zwölf noch vorhandenen Ersatzmaschinen gleichmäßig abzunutzen!) dürfte die Einsatzgrenze in absehbarer Zeit erreicht sein. Nach letzten Informationen stehen diese »Saurier der Flugboot-Pionierzeit« zum Verkauf.

9 Luftfahrzeuge

Bild 81: *Ein Martin Mars Flugboot wartet auf dem Wasser auf seinen nächsten Einsatz.*

Neben Scooper gibt es auch Flächenflieger, die am Boden (Flugplatz) getankt werden. Dies sind meist sehr große Löschflugzeuge (in USA auch Heavy Air Tanker genannt), die für die Aufgaben umgerüstet wurden und nur von festen Flugplätzen aus operieren können – und dort am Boden auch wieder neu befüllt werden müssen (dies bedeutet zudem eine Infrastruktur am Flugplatz). Diese Flugzeuge werden z. B. bei den sehr großflächigen Bränden in Amerika aber auch in Frankreich (hier Flugzeuge vom Typ Dash 8 mit ca. 10.000 l Retardant) zum Einsatz gebracht. Es sind meist Umbauten von ehemaligen Verkehrsflugzeugen (häufig im Privatbesitz) und die verschiedenen Typen reichen von mehrmotorigen Propellermaschinen mit z. B. 2.500 bis 3.000 Gallonen (= ca. 9.500 bis 11.000 l) oder dreistrahligen DC-10 mit ca. 12.000 Gallonen (= ca. 45.000 l) oder dem größten (momentan bekannten) derartigen Flugzeug (Spirit of John Muir), eine modifizierte 747 mit ca. 20.000 Gallonen (= ca. 75.000 l). Meist transportieren diese Fluggeräte Retardants. Der Einsatz derartig großer Flugzeuge erscheint bei den bisherigen Ausdehnungen von Großfeuern in Deutschland und den Nachbarländern nicht sinnvoll. Sollten sich tatsächlich einmal Brände so groß entwickeln, wären diese Fluggeräte – so verfügbar und eine Finanzierung vorausgesetzt – auch aus Amerika oder Russland zu verlegen (nochmals Hinweis auf den Einsatz in Schweden: Die Canadair aus Frankreich und Italien waren damals ca. eine Woche unterwegs, bis sie eingesetzt wurden).

9.2 Helikopter

Hubschrauber (international: Helikopter) haben für die Anwendung in Deutschland deutliche Vorteile gegenüber den Flächenflugzeugen, trotz den höheren Unterhaltskosten, denn sie können (Finanzierung und Verfügbarkeit vorausgesetzt) über BOS-Organisationen (Polizeien), Bundeswehr oder private Unternehmen angefordert werden und sind für nachfolgende Aufgaben einsetzbar:

- Waldbrandfrüherkennungs-/Überwachungs-/Beobachtungsflüge,
- Erkundung aus der Luft im Einsatzfall,
- Führung von mehreren Luftfahrzeugen im Einsatzgebiet,
- Löschen mit Außenlastbehältern,
- Transport von Material,
- Transport von Personal in unzugängliche Regionen/Gebiete,
- Transport von Ausrüstung und Gerät (in der Maschine oder als Außenlast),
- kurzfristige Rettung von Bodenkräften z. B. mittels Longline.

9 Luftfahrzeuge

In Bezug auf die Verwendung von Außenlastbehälter sind aber einige Dinge zu beachten und im Vorfeld eines Einsatzes zu klären. Je nach Baujahr, konkretem Typ und dessen Motorisierung und vor allem deren aktuelle Ausrüstung bzw. Ausstattung kann es hier zu sehr großen Unterschieden in der Leistungsfähigkeit kommen. Nicht jeder Hubschrauber hat auch einen (zugelassen) Lasthaken. Private Hubschrauber für den professionellen Außenlasttransport können meist deutlich mehr Last transportieren, als z. B. ein typgleicher Polizei-, Militär- oder Rettungshubschrauber, die, aufgrund ihrer fest eingerüsteten Ausstattung, kaum Nutzlastreserven haben. So wird z. B. bei einem Polizeihubschrauber vorher die Bestuhlung entnommen, um die Nutzlast zu erhöhen und ebenso richtet sich die Betankung nach Anflugstrecken und Lastaufnahme.

Bei der nachfolgenden Einteilung handelt es um eine grobe Übersicht. Es kommt auch nicht alleine auf die Löschmittelmenge an, sondern auf das fliegerische Können, die Füllzeiten der Behälter, die Erfahrung des Flughelfers (zur Koordination mit dem Piloten zum richtigen Absetzen des Löschmittels usw.). Ein erfahrener Pilot mit 1.000 l ALB kann unter Umständen in kurzen Flugzyklen in derselben Zeit mehr Löschwasser ins Ziel bringen als ein unerfahrener Pilot mit einem deutlich größeren Behälter. Die Hubschrauber können grob in drei Klassen eingeteilt werden.

- Kleine Transportleistung 500 bis 900 l
  (z. B. Airbus AS 350, Airbus EC 135, Bell 206, Bell 407, Augusta A-119 Koala)
- Mittlere Transportleistung 900 bis 2.000 l
  (z. B. Airbus EC 145, H 145, Airbus EC 155, H 155,

Bell UH-1D 205 (einmotorig), Bell UH-1D 212 bzw. 412 (zweimotorig), PZL W-3A Sokol)
- Große Transportleistung größer 2.000 l
(z. B. Airbus AS332 SuperPuma, Airbus AS330 Puma, Airbus AS532 Cougar, Kaman K-12, NH 90, Sikorsky S-61 SeaKing (auslaufend), Sikorski S-64 (CH 54) SkyCrane, Sikorski S-65 (CH 53), Sikorski S-70 (UH 60) BlackHawk oder FireHawk)

9.3 Drohnen

Wie in Kapitel 6.5 bereits beschrieben, werden Drohnen oder »unmanned air systems« (UAS) zunehmend auch von Behörden mit Sicherheitsaufgaben (BOS) eingesetzt. In diesem Zusammenhang geht es aber nicht um kleine Fluggeräte, sondern um große Systeme, die auch Lasten transportieren und als fliegende Löschgeräte eingesetzt werden können. Unbemannte Luftfahrzeuge haben in der Regel zwei Steuerungsmodi. Entweder werden sie ferngesteuert (engl.: Remote Control, RC) oder sie fliegen autonom mittels eines Autopiloten. Ein ferngesteuertes Luftgerät erfordert einen Operator (den Piloten), der per Funk die entsprechenden Signale sendet, während autonom fliegende Geräte selbständig in der Lage sind, ihre gewünschte Position zu halten. Häufig erfolgt die Steuerung auch über einen teilautonomen Betriebsmodus. Dabei steuert der Pilot das System zum Beispiel über eine Kamera. Um dem Piloten die Steuerung zu vereinfachen, übernimmt der Autopilot unterstützende Funktionen wie die Lagestabilisie-

9 Luftfahrzeuge

rung und hält das Gerät an einem bestimmten GPS-Referenzpunkt.

Für den Einsatz der BOS spielen die Gefahren sowie die Umgebungsbedingungen der Einsatzstelle eine große Rolle und haben entscheidenden Einfluss auf die Taktik und Vorgehensweise. Das gilt in besonderem Maße bei ausgedehnten Flächenlagen wie Wald- und Vegetationsbränden. Der Einsatz von Drohnen kann hier entscheidende Vorteile bieten:

- Die Einsatzkräfte können sich schneller und umfangreicher ein Lagebild verschaffen. (siehe: Beispielhaft der Einsatzverlauf beim Waldbrand in Västmanland/Schweden, BRANDSchutz 8/17, Seite 37 ff).
- Die Einsatzkräfte müssen sich nicht selbst in unmittelbare Gefahr begeben.
- Präventivmaßnahmen, wie zum Beispiel regelmäßige Kontrollflüge, könnten durchgeführt werden (z. B. Abfliegen einer angelegten Schneise).
- Eine Echtzeitübertragung der Daten wäre möglich (z. B. sofortige Erkennung einer Gefahrensituation für einen Trupp oder Fahrzeugmannschaft in vorgerückter Position an der Flammenfront).

Teilautonome Drohnen sind bisher das Maß der Dinge und können heute schon sehr zuverlässig von einer Einsatzkraft über eine Bodenstation gesteuert werden. Solche Drohnen sind mit Sensoren ausgestattet, die den Piloten bei der Steuerung unterstützen und damit einen sicheren Flug, zum Beispiel auch bei Wind, ermöglichen oder durch eine GPS-Positionierung eine angesteuerte Position selbstständig halten und

9.3 Drohnen

immer wieder anfliegen können. Trotzdem zeigt die Praxis, dass der Überflug mit einem Hubschrauber oder Flächenflieger mit einem geschulten Luftbeobachter oder erfahrenen Einsatzleiter zu schnelleren und sichereren Erkenntnissen führt. Zudem muss beachtet werden, dass die bisher verfügbaren (serienmäßige) Drohnentechnik und die bestehende Gesetzgebung (siehe Dazu Bericht in der BRANDSchutz 1/2018, Drohnen: Anwendungen und Grenzen im Brand- und Katastrophenschutz) den Einsatz bei Waldbränden immer noch stark einschränkt. Da nur auf Sicht geflogen werden darf, ist die Flächenleistung begrenzt und aufgrund der sensiblen Technik sind Thermik, Hitze, Rauch und Funkenflug ein großer Feind der Drohnen.

Trotzdem wird sich diese Technik auch für die Anwendung bei der Vegetationsbrandbekämpfung durchsetzen nicht nur zur Bildübertragung, sondern auch als Löschsystem. Ein erster Ansatz ist das Konzept Flyox der Firma Singular Aircraft. Der Hersteller spricht von einer Nutzlast von bis zu 2.000 kg bei einer Flugzeit von mehr als sechs Stunden für dieses Flugboot, das auf Grasbahnen landen und starten kann und dabei gerade mal ca. 750 m bei Abflug und ca. 540 m zum Landen benötigt. Besonders interessant sind die Betriebskosten, die einem Bruchteil bemannter Systeme entsprechen soll. Ein weiterer interessanter Aspekt ist die Tatsache, dass der eigentliche Löschmitteltank mit einem flexiblen Kraftstofftank (der Motor wird mit Diesel betrieben!) bestückt, für das Fluggerät einen fast 26 Stunden Non-Stopp-Betrieb zulässt und dabei eine Strecke von ca. 2515 NM (nautische Meilen) = ca. 4.650 km zulässt (vgl. singularaircraft.com Stand Februar

2021). Man darf gespannt sein, was sich in der Zukunft an Entwicklungen auf dem Gebiet ergeben wird.

Bild 82: *Prototyp des FLYOX I auf der ILA 2012 in Berlin. Man beachte die noch sehr schlichte Leistungsübertagung durch offenen Riementrieb auf die Propeller. Dies wurde bei den Vorserienmodellen durch eine aerodynamische Verblendung geändert.*

9.4 Außenlastbehälter

Außenlastbehälter sind die günstigsten und vielseitigsten Systeme zur Ergänzung eines Hubschraubers mit Außenlasttransportzulassung (zertifizierte Lastöse am Unterboden), um eine Brandbekämpfung aus der Luft zu ermöglichen. Es gibt sie in verschiedenen Größen und Ausführungen und mit der Möglichkeit, das Löschwasser über eine gewisse Strecke »abzuregnen« oder punktförmig abzulassen. Bedient werden sie über eine Fernauslösung aus der Hubschrauberkabine und gefüllt werden sie durch Eintauchen in einen See oder ein ausreichend

9.4 Außenlastbehälter

großes und vor allem tiefes Becken. Hierzu werden im Einzelfall schon mal Schwimmbäder oder private Pools im Garten oder separat aufgestellte (Auffang-)Behälter verwendet. Die Wasserfläche sollte dabei ausreichend groß sein, denn das Eintauchen im Schwebeflug erfordert einige Übung und auch das Abfliegen mit gefülltem Behälter kann zu Problemen führen, wenn dieser am Beckenrand anschlägt oder sich verhängt. Formstabile Außenlastbehälter lassen sich daher auch, abgestellt (der Hubschrauber bleibt dabei im Schwebeflug) über Füllarmaturen (z. B. Stützkrümmer) von (Tank-)Löschfahrzeugen befüllen. So kann der Flugzyklus vom Wasseraufnahmepunkt zur Brandstelle erheblich verkürzt und damit die Löschmittelausbringung erheblich gesteigert werden, wenn in direkter Nähe keine geeignete Wasserfläche zur Verfügung steht. Das beschriebene Risiko wird somit auch minimiert.

Häufig werden kompakte, faltbare Behälter, Bambi Buckets, vorgehalten. Diese können beim Anfliegen in ein Einsatzgebiet auch im Transportkorb (an einer Kufe des Helikopters) oder im Inneren transportiert werden. In Bayern stehen auch große Behälter (beispielsweise mit 5.000 l) bei Feuerwehren, die auch Flughelfer unterhalten, auf Anhängern bereit, um diese im Einsatzfall an einer geeigneten Übergabestelle dem Hubschrauber zu übergeben. Das Zugfahrzeug (meist ein TLF) bildet dann dabei gleich den Brandschutz am Landepunkt ab.

9 Luftfahrzeuge

Bild 83: Darstellung eines modernen Außenlastbehälters, ausgeführt als stabile Tonne mit ca. 1.000 l Volumen mit verschiedenen Möglichkeiten des Ablassens des Löschmittels. Als Punktablass zum Befüllen eines Behälters und mittels des runden Tellers (unten) als kreisförmige, großflächige Ausbringung des Löschmittels auf Flächen (hier dargestellt). Weiterer Vorteil: Der Behälter kann im abgestellten Zustand auch über Schlauchleitungen gefüllt werden. (Foto: @fire)

9.5 Erforderliches Zubehör für Luftverlegung mit Hubschrauber

Hubschrauber können nicht nur mittels Außenlastbehälter zur direkten Brandbekämpfung eingesetzt werden, sondern eignen sich auch zum Verlegen von Ausrüstung und Mannschaft in sehr schwer zugänglichen Regionen (z. B. Hochgebirge). Zum Transport gibt es Transportnetze oder modifizierte Gitterboxen mit dafür zugelassen Lastgeschirren.

Bild 84: *Transportnetz für Außenlasttransport an Hubschraubern*

9 Luftfahrzeuge

Selbst der Transport von Personal an einer Longline oder »Bergetau« und entsprechenden Brust- und Sitzgurten wird in manchen Situationen die einzige Möglichkeit sein, Personal und Gerät an die Einsatzstelle zu transportieren.

Bild 85: *Personentransport an der Longline bei einer Übung der HeliSwiss Zermatt mit @fire-Personal (Bild: @fire/CH)*

Fazit

Dass dem Schutz und Erhalt von Wald- und Vegetationsflächen, weltweit, eine erhöhte Aufmerksamkeit geschenkt werden muss, ist in der Gesellschaft angekommen. Die jahrelangen Bestrebungen von Organisationen wie z. B. @fire tragen langsam Früchte. Trotzdem befinden wir uns noch am Anfang zur Einleitung der erforderlichen Maßnahmen und es muss möglichst schnell gehandelt werden. Zügiger Waldumbau und verbesserte Brandfrüherkennung sind Forderungen an die Politik und die Waldbesitzer ebenso wie der Wunsch, dass einheitliche Sonderausstattung in Form von Einheiten mit TLF-W und Hubschraubern oder Lastendrohnen zur Brandbekämpfung aus der Luft beschafft werden können. Hier sollte das BBK für Deutschland seine Funktion wahrnehmen und eine zentrale Beschaffung wie bei den LF 20 KatS und SW KatS vornehmen, um eine einheitliche Ausstattung sicherzustellen. Die Lehrpläne an den Feuerwehrschulen müssen harmonisiert und die Ausbildung bereits ab Gruppenführerebene etabliert werden. Die Feuerwehren wiederum können ihren Teil dazu beitragen, indem sie die empfohlene Grundausrüstung auf die vorhandenen Fahrzeuge aufnehmen und sich durch Fortbildungen und ständige Übungen auf Einsätze vorbereiten. Es sollte auch in Betracht gezogen werden, ob die munitionsbelasteten Flächen nicht geräumt werden müssen, um das Risiko für die Einsatzkräfte zu reduzieren und frühestmöglich tätig werden zu können. Die Methode »Abbrennen lassen« kann langfristig nicht die

Fazit

Lösung sein und wir müssen in Deutschland eine von Kommunen unabhängige Einheit schaffen, die auch auf Anforderung aus dem Ausland eingesetzt werden kann. Das »Kirchturmdenken« Deutscher Feuerwehren hilft da nicht weiter.

Literaturnachweis

Bundesministerium für Forschung und Technologie (BMFT): Brand- und Katastrophenbekämpfung aus der Luft, Internationales Wissenschaftlich-Technisches Symposium, Hannover 1980. Bernecker Verlag, Melsungen, 1981.

Bundesministerium für Forschung und Technologie (BMFT), Sicherheit, Brand- und Katastrophenbekämpfung, Notfallrettung, zweites Statusseminar. Deutscher Gemeindeverlag, Stuttgart, 1982.

U. Cimolino: Einsatzfahrzeuge für Feuerwehr und Rettungsdienst, Typen: Ausführung und Taktischer Einsatzwert, Cimolino, Ulrich, Zawadke, Thomas, Reihe Einsatzpraxis, ecomed, Landsberg, 2006.

U. Cimolino/J. Südmersen/N. Neumann: Vegetationsbrandbekämpfung, Standard-Einsatz-Regeln, 3. Auflage. Ecomed-Storck-Verlag, Landsberg, 2019.

U. Cimolino/J. Südmersen/T. Zawadke: Vegetationsbrandbekämpfung, Technik – Taktik – Einsatz. Ecomed-Storck-Verlag, Landsberg, 2020.

U. Cimolino/T. Zawadke: Einsatzfahrzeuge für Feuerwehr und Rettungsdienst, Fahrzeugtechnik: Fahrgestell, Aufbau- und Ausbau, Einsatzpraxis., Ecomed-Storck-Verlag, Landsberg, 2005.

U. Cimolino: Analyse der Einsatzerfahrungen und Entwicklung von Optimierungsmöglichkeiten bei der Bekämpfung von Vegetationsbränden in Deutschland, Dissertation im Fachbereich D – Sicherheitstechnik. Bergische Universität Wuppertal, Wuppertal, 2014.

H. de Vries: Einsatz von D-Leitungen, Ausbildung und Praxis. Ecomed-Storck-Verlag, Landsberg, 2016.

Deutscher Feuerwehrverband (DFV): Fachempfehlung zur Sicherheit und Taktik im Waldbrandeinsatz, Berlin, 2009.

Deutscher Feuerwehrverband (DFV)/Arbeitsgemeinschaft der Leiter der Berufsfeuerwehren in der Bundesrepublik Deutschland

Literaturnachweis

(AGBF Bund): Fachempfehlung des Fachausschuss Technik des Deutschen Feuerwehr Verbandes, Nr. 1 Pflichtenheft für Waldbrand-Tanklöschfahrzeuge (TLF-W) 2020.

DGUV Vorschrift 49: Feuerwehren, 2018.

DGUV Information 205-014: Auswahl von persönlicher Schutzausrüstung für Einsätze bei der Feuerwehr, 2016.

R. Engel: »Lessons Learned« – Waldbrandfrüherkennung und Brandschutzvorsorge im Wald, Vortrag auf dem Wipfelfeuer 2015 in Wolfsburg.

M. Fabrizio: Persönliche Schutzausrüstung, Einsatzpraxis. Ecomed-Storck-Verlag, Landsberg, 2014.

Feuerwehr-Magazin: Richtiges Vorgehen bei Wald- und Flächenbränden (Sonderheft), Ebner-Verlag, 2016.

W. Götz/T. Zawadke: Neues Fahrzeugkonzept für Waldbrand und Extremwetterlagen, in: BRANDSchutz/Deutsche Feuerwehr-Zeitung 6/2018, S. 64 ff.

B. Henning: Waldbrand – Prävention, Bekämpfung, Wiederbewaldung. Haupt Verlag, Bern, 2019.

Interagency Helicopter Operations Guide (IHOG): Loseblattsammlung seit 2006, National Fire Equipment Subcommittee (NFES), 2006.

W. Jendsch: Feuerwehr Einsatzfahrzeuge – Waldbrandbekämpfung, Typenkompass. Motorbuch Verlag, Stuttgart, 2009.

W. Jendsch: Feuerlöschflugzeuge: Löschen aus der Luft, Typenkompass Motorbuch Verlag, Stuttgart, 2010.

H. C. König: Waldbrandschutz, Kompendium für Forst und Feuerwehr. Fachverlag Mathias Grimm, Berlin, 2007.

E. Liebeneiner: Rotes Heft 26. Bekämpfung von Wald-, Moor- und Heidebränden. W. Kohlhammer Verlag, Stuttgart, 1968.

J. Maaß: Auswertung der Waldbrände im Land Brandenburg 1992, in: Feuerwehr-Magazin 2/93.

S. Mahler/H. Rust/T. Zawadke: Drohnen: Anwendungen und Grenzen im Brand- und Katastrophenschutz, in: BRANDSchutz/Deutsche-Feuerwehr-Zeitung 1/2018.

NWCG (National Wildfire Coordinating Group): NWCG Handbook 3, Fireline Handbook, March 2004.

Literaturnachweis

Staatliche Feuerwehrschule Würzburg/des Bayrischen Staatsministeriums des Innern: Waldbrände, Merkblatt für die Feuerwehren in Bayern, Stand 05/2017.

Staatliche Feuerwehrschule Würzburg: Vegetationsbrände, 5.006 Merkblatt für die Feuerwehren Bayerns, Stand 11/2019.

R. Saller: Vortrag zum Einsatz von Hubschraubern bei Vegetationsbränden. Wipfelfeuer 2015, Wolfsburg.

Standardisierungsübereinkommen der NATO:STANAG 4569.

B. Süssner: Rotes Heft 107. Wald- und Vegetationsbrände. W. Kohlhammer Verlag, Stuttgart, 2020.

UB: Brände in der Landwirtschaft und im Forst, in: UB 4 und 5/00, Verlag Technik GmbH, Berlin, 2000

Vereinigung zur Förderung des Deutschen Brandschutzes e.V. (Vfdb): Merkblatt 06/02, Zusammenarbeit Feuerwehr – Luftrettung.

Verfahren zur Waldbrandbekämpfung, Vorstellung der Technik und Taktik des »2RS-Löschverfahrens«, in: BRANDSchutz/Deutsche Feuerwehr-Zeitung, 11/1994, Seite 818 f/.

Wildland firefighter health risks and respiratory protection, in: Studies and Research Projects – R-572, Austin, Claire, IRSSC, Quebec (Canada), 2008.

T. Zawadke: Kettenfahrzeuge im Feuerwehrdienst, in: BRANDSchutz/Deutsche Feuerwehr-Zeitung, 11/2002.

T. Zawadke: Neue Normen für GW-L: Logistikfahrzeuge der Feuerwehr für den täglichen Einsatz und für den Katastrophenfall, in: BRANDSchutz/Deutsche Feuerwehr-Zeitung 2/2004.

T. Zawadke: Rotes Heft 86. Logistik bei der Feuerwehr. W. Kohlhammer Verlag, Stuttgart, 2006.

T. Zawadke: Löschwasserversorgung über Pendelverkehr oder über lange Schlauchstrecke: was ist günstiger? in: 112 Magazin, 4. Jahrgang, Heft 5/6, 2009.

T. Zawadke: Feuerwehrschläuche Teil 1: Transport und Lagerung, in: 112 Magazin, 4. Jahrgang, Heft 5/6, 2009.

T. Zawadke: Feuerwehrschläuche Teil 2: Fahrzeuge zum Transport, in: 112 Magazin, 4. Jahrgang, Heft 7/8, 2009.

Literaturnachweis

T. Zawadke: OSIRAS: neues Fahrzeug- und Aufbaukonzept, Multifunktionaler Wechselaufbau für Einsätze in Katastrophengebieten, in: BRANDSchutz/Deutsche Feuerwehr-Zeitung, 8/2013, Seite 21ff.

T. Zawadke: Erfahrungsbericht zum größten Waldbrand in der Geschichte Schwedens in der Region Västmanland/Sala 2014. VFDB-Fachtagung Bremen 2017.

T. Zawadke: Erfahrungsbericht zum größten Waldbrand in der Geschichte Schwedens, in: BRANDSchutz/Deutsche Feuerwehr-Zeitung 8/2017.

T. Zawadke/P. Zbinden: Gebirgsbrandbekämpfung – Einsätze in schwierigem Gelände, in: BRANDSchutz/Deutsche Feuerwehr-Zeitung 10/2017.

T. Zawadke: Bedarfsplanung – gewusst wie! Ecomed-Storck-Verlag, Landsberg, 2018.

T. Zawadke: Alternative zu Hydranten: Löschwasserversorgung über Pendelverkehr, in: CrisisPrevention, Ausgabe 1/2019.

T. Zawadke: Rotes Heft/Ausbildung kompakt 217. Wasserversorgung. W. Kohlhammer Verlag, 2. Auflage, Stuttgart, 2021.

@fire Internationaler Katastrophenschutz Deutschland e.V.: Ausbildungsunterlagen zur Ausbildung kommunaler Feuerwehren in der Vegetationsbrandbekämpfung, 2020.

@fire: Bitburg Seminar @fire, 2019.

@fire: Bad Homburg Seminar @fire, 2020.

Auswahl an Normen

DIN EN 166:2002-04, Persönlicher Augenschutz - Anforderungen.

DIN EN 169:2003-02, Persönlicher Augenschutz – Filter für das Schweißen und verwandte Techniken – Transmissionsanforderungen und empfohlene Anwendung.

DIN EN 469:2020-12, Schutzkleidung für die Feuerwehr – Leistungsanforderungen für Schutzkleidung für Tätigkeiten der Feuerwehr.

DIN EN 659:2008-06, Feuerwehrschutzhandschuhe. (Norm-Entwurf: DIN EN 659:2021-08).

Literaturnachweis

DIN EN ISO 15384:2020-10, Schutzkleidung für die Feuerwehr – Laborprüfverfahren und Leistungsanforderungen für Schutzkleidung für die Brandbekämpfung im freien Gelände (ISO 15384:20188, hier liegt inzwischen eine neuere Entwurfsfassung [2021-02]) vor.

DIN EN 15090:2012-04, Schuhe für die Feuerwehr.

DIN EN 16471:2015-03, Feuerwehrhelme – Helme für Wald- und Flächenbrandbekämpfung.

DIN 20120:2021-05 – Entwurf, Nichtmotorische Handgeräte für die Bodenbearbeitung – Sandschaufeln.

DIN 20121:2021-05 – Entwurf, Nichtmotorische Handgeräte für die Bodenbearbeitung – Stechschaufeln.

DIN EN 17407:2020-11, Tragbare Geräte zum Ausbringen von Löschmitteln, die mit Feuerlöschpumpen gefördert werden – Sammelstücke und Verteiler PN 16 (Ersatz für DIN 14 345).

Bitte beachten Sie, dass die Normbezeichnung dem aktuellen Bearbeitungsstand (Frühjahr 2021) entsprechen und jeweils auf die aktuelle Normfassung zurückgegriffen werden muss. Die Normen können über den Beuth Verlag bezogen werden:

Beuth Verlag GmbH
Saatwinkler Damm 42/43
13627 Berlin
Internet: www.beuth.de

Birgit Süssner

Wald- und Vegetationsbrände
Prävention, Einsatzvorbereitung, Bekämpfung

2020. 172 Seiten. Kart. € 19,–
ISBN 978-3-17-036500-1
Die Roten Hefte Nr. 107
Digital-Ausgabe erhältlich in der BRANDSchutz-App und als E-Book.

Der Mensch und der Klimawandel beeinflussen und verändern den Lebensraum Wald und seine Bewirtschaftung. Aus diesem Grund betrachtet die Autorin neben der Bekämpfung von Waldbränden auch die Prävention, die Einsatzvorbereitung und die Schnittstelle zur Forstwirtschaft. Beispiele aus dem süddeutschen Raum zeigen Anregungen auf, wie sich Forstwirtschaft und Feuerwehr auf Brände vorbereiten können. Darüber hinaus bietet das Rote Heft wichtige Tipps und konkrete Lösungsansätze zum Umgang mit Waldbränden.

Leseproben und
weitere Informationen:
www.kohlhammer-feuerwehr.de

Thomas Zawadke

Wasserversorgung

2., erw. und aktual. Auflage 2020
191 Seiten. Kart. € 19,–
elektr. Zusatzmaterial
ISBN 978-3-17-037342-6
Die Roten Hefte/
Ausbildung kompakt Nr. 217
Digital-Ausgabe erhältlich in der
BRANDSchutz-App und als E-Book.

Der Aufbau einer Löschwasserversorgung für die Brandbekämpfung gehört zu den elementarsten Aufgaben der Feuerwehr.

Das Rote Heft/Ausbildung kompakt erläutert die Grundlagen der Wasserversorgung, die Pumpentechnik, die Schlauch- und Leitungstechnik, die wasserführenden Armaturen sowie das zur Wasserversorgung notwendige Zubehör. Ferner stellt es die verschiedenen Transport- und Lagerungsarten von Schlauchmaterial sowie die Möglichkeiten zur Verlegung von Schlauchleitungen vor. Tipps und Hinweise zur Berechnung und Auslegung der Wasserversorgung ergänzen den Inhalt.

Leseproben und
weitere Informationen:
www.kohlhammer-feuerwehr.de

Bücher für Wissenschaft und Praxis

Jens Motsch

Meteorologie für die Feuerwehr

Die Auswirkungen des Klimawandels auf das Einsatzgeschehen

2019. 143 Seiten. Kart. € 26,–
ISBN 978-3-17-035448-7
Führung
Digital-Ausgabe erhältlich in der BRANDSchutz-App und als E-Book.

Vor dem Hintergrund zunehmender Einsatzzahlen im Zusammenhang mit Unwetterereignissen gewinnt auch das Thema Meteorologie vermehrt an Bedeutung für die Feuerwehr.

Der Autor gibt neben allgemeinen Hinweisen zur Vorbereitung auf Extrem- oder Unwetterlagen konkrete Empfehlungen und Schulungsunterlagen, wie Wetterwarnungen gelesen und für die Praxis interpretiert werden können. Das Buch stellt zudem die verschiedenen Wetterdienstleister vor und beschreibt, welche Daten abgerufen werden müssen, um die Lage schnell und strukturiert beherrschen zu können.

Leseproben und weitere Informationen:
www.kohlhammer-feuerwehr.de

Bücher für Wissenschaft und Praxis